U0299610

人本智造

工业 5.0 的核心使能技术

王柏村　黄思翰　李兴宇　**等编著**

電子工業出版社
Publishing House of Electronics Industry
北京 · BEIJING

内 容 简 介

人本智造（以人为本的智能制造）体现了工业特别是制造业未来发展的重要趋势，是未来工业（工业5.0）的核心使能技术，是新一代智能制造的重要技术方向。本书深入阐述面向工业5.0的人本智造最新研究成果，包括人的数字孪生、人机协同作业、人机团队合作等，以及相关典型案例，展现了当前国内外人本智造领域的技术进展和应用前景。

本书是《人本智造：面向新工业革命的制造模式》一书的姊妹篇，可为从事机械制造业科学研究、企业经营、管理决策和发展规划的相关人员提供参考，也可供高等院校机械工程、智能制造、机器人工程、工业工程、管理工程等相关专业师生和其他相关人士阅读。

图书在版编目（CIP）数据

人本智造 ： 工业 5.0 的核心使能技术 / 王柏村等编著. -- 北京 ： 电子工业出版社， 2025. 1. -- ISBN 978-7-121-49358-4

Ⅰ. TH166

中国国家版本馆 CIP 数据核字第 2024A7W689 号

责任编辑：刘家彤　　文字编辑：戴　新
印　　刷：三河市鑫金马印装有限公司
装　　订：三河市鑫金马印装有限公司
出版发行：电子工业出版社
　　　　　北京市海淀区万寿路173信箱　　邮编：100036
开　　本：720×1000　1/16　　印张：11.25　　字数：216千字
版　　次：2025年1月第1版
印　　次：2025年1月第1次印刷
定　　价：88.00元

凡所购买电子工业出版社图书有缺损问题，请向购买书店调换。若书店售缺，请与本社发行部联系，联系及邮购电话：（010）88254888，88258888。

质量投诉请发邮件至zlts@phei.com.cn，盗版侵权举报请发邮件至dbqq@phei.com.cn。

本书咨询联系方式：liujt@phei.com.cn，（010）88254504。

推荐序

坚持以人为本，加快建设制造强国

智能制造是基于新一代信息技术与先进制造技术深度融合，贯穿研发、设计、生产、管理、服务等制造活动各个环节，旨在提高制造业质量、效益和核心竞争力的先进生产方式。近年来，以人为本已逐步成为智能制造的时代内涵和核心特征之一。发展智能制造，对于巩固实体经济根基、建成现代产业体系、构建新发展格局具有重要作用。推动智能制造的高质量发展与广泛应用，需要始终坚持以人为本，更好地满足人民对美好生活的需要。

一、以人为本发展智能制造的重要意义

以人为本是新一轮工业革命的重要特征。人是生产制造活动中最具能动性和最具活力的因素，智能制造与机器人最终都需回归到服务和满足人们对美好生活的需要、促进人的全面发展上来。2017年，中国工程院基于人—信息—物理系统（Human-Cyber-Physical Systems，HCPS）正式提出了“新一代智能制造”，并认为物理系统是主体，信息系统是主导，人是主宰；实施智能制造的实质就是设计、构建与应用各种不同用途、不同层次的HCPS。德国在推出第四次工业革命（工业4.0）战略之初，在制定的八项行动中就有多项与人直接有关。美国国家科学基金会从2016年至今，已经投入数千万美元对

"人与技术前沿的未来工作"持续进行资助。2021年初，欧盟研究和创新委员会正式提出第五次工业革命（工业5.0），重点指出未来工业应更加坚持以人为本。纵览全球制造业与新工业革命，以人为本是各国的关注点，也是大势所趋。以人为本的未来工业和制造系统正在吸引国内外政府机构、行业和学术界的广泛关注。

以人为本是经济发展与科技创新的交汇点。当前，科技创新速度显著加快，大大拓展了时间、空间和认知范围，人类正在进入一个"人机物"三元融合的万物智能互联时代。经济发展应始终坚持以人为本。满足人民的美好生活需要主要依靠的就是科技创新，特别是实体经济的科技创新，重点是制造业的数字化、网络化与智能化发展。以人为本发展智能制造是科技创新与经济发展的重要交汇点，也是科技与经济融合发展的应有之义。

以人为本是制造业高质量发展的必然选择。高质量发展是"十四五"时期我国经济发展的必由之路。高质量发展能够很好地满足人民日益增长的美好生活需要的发展。以人为本、一切为了人民福祉，是制造业高质量发展不可动摇的目标。大力发展与民生直接相关的食品、纺织服装、医疗器械等产业是智能制造高质量发展的必然要求。同时，解决中小微企业智能化、绿色化转型的世界性难题，需要坚持以人为本，实现中小微企业与大型企业协同发展，稳定就业、共同富裕。

二、人本智造的内涵

以人为本的智能制造（简称人本智造）是一个大概念，涵盖基础理论、科学技术、经济社会乃至哲学等多个层面。中国学者以HCPS为理论基础，积极开展研究，初步阐明了人本智造的基本内涵。人本智造体现了制造业未来发展的重要趋势，也是新一代智能制造的重要技术支撑。从辩证角度看，其有两方面含义：其一，为了满足人民美好生活的需要，在生产活动与日常生活中，需要坚持以人为本，积极使用各种数字化、网络化、智能化技术帮助人们完成各种体力劳动和脑力劳动，努力运用智能制造技术提升人民幸福感、安全感和获得感；其二，在发展和使用智能制造技术为人类生产生活服务时，"人机物"不可避免地会产生各种关联，甚至冲突或对立，这就更加需要坚持以人为本，努力解决好隐私、安全、伦理、健康、就业等人们关心的基本诉求，努力做到人机共生、和谐发展。以上两个方面辩证统一，不可偏废。

系统观念是理论基础。在发展智能制造的过程中，需坚持系统观念，统筹考虑人、信息系统和物理系统，对传统制造系统进行重构和扩展，加强系统集成，构建新型智能制造系统体系，并基于此制定智能制造发展战略，努力实现人机协作。人、信息系统、物理系统三者良性互动、协同创新、融合发展所形成的智能制造系统体系有望成为理解智能制造演进过程、构建智能制造技术体系、推动智能制造可持续发展的基础与支撑。

数字化、智能化技术是共性赋能技术。智能制造的发展离不开数字化、网络化、智能化各类赋能技术，其中，数字孪生技术与智能人机协作是关键。智能制造系统存在大量不确定性，而考虑人的因素的智能制造系统更是一个复杂的系统。数字孪生包括人的数字孪生与物理机器的数字孪生，二者同等重要。在构建人的数字孪生与物理机器的数字孪生的基础上，可进一步运用大数据、人工智能（Artificial Intelligence，AI）等先进技术实现智能人机协作，进而实现智能制造的预期目标。

新一代产业工人是关键因素。第一次工业革命，动力机械的引入将工人从繁重的体力劳动中解放出来，进而转向掌握机器的使用技巧；第二次工业革命，标准化、流水线生产的出现使工人趋向于通过掌握相对单一的技能来完成特定工序的工作任务；第三次工业革命，计算机、微电子等技术的出现和普及催生了自动化生产，工人逐渐从直接操控机械设备向人机交互转变。智能制造拉开了新一轮工业革命的序幕，传统产业工人的角色定位已无法适应新场景、新技术和新问题，新一代产业工人应运而生。新一代信息技术不仅赋能制造系统本身，也将赋予工人多样化感知、认知和控制的能力。通过数字化、智能化等技术的赋能，新一代产业工人将充分发挥主观能动性和灵活性，这对智能制造系统的高效平稳运行具有不可替代的作用。

三、坚持以人为本，推动智能制造高质量发展

坚持以人为本，突出智能制造中人的地位。要统筹系统考虑人的因素，将以人为本的理念贯穿智能制造系统的全生命周期过程（包括研发、设计、制造、管理、销售、服务等），充分考虑人（包括设计者、生产者、管理者、

用户等）的各种因素（如生理、认知、组织、文化、社会等），运用先进的数字化、网络化、智能化技术，充分发挥人与机器各自的优势，协作完成各种工作任务，最大限度地提高生产效率和质量，确保人员身心安全，满足用户个性化需求，促进社会可持续发展。

坚持系统思维，引领社会层面形成共识。目前，社会各界对于智能制造的理解存在一些误区。例如，部分人士将智能制造简单地等同于“机器换人”；在具体推动智能制造发展中也存在很多疑惑：智能化是否意味着机器完全代替人；怎样协调好工人就业与智能化之间的平衡问题。实际上，并非所有生产主体、所有任务都需要“机器换人”，而是需要通过不断尝试，找到适合不同领域特点的人机合作方式，努力构建“人机共融体”。要重点关注智能制造可能带来的安全隐私、工作环境、工人就业、数据治理等方面的问题，深入开展调查研究，尽快形成共识。

坚持企业主体地位，促进人的全面发展。作为发展智能制造的主体，企业要积极培养制造工程技术人员、智能制造专业人员和智能制造系统建设专业人员。企业要将以人为本作为发展智能制造的重要理念，运用先进适用的技术延长员工的职业生涯，努力让员工在智能制造技术的支持下更好地贡献价值，运用智能制造技术营造良好环境氛围，吸引年轻一代从事制造业工作。同时，要加快发展共享制造、服务型制造、绿色制造等新模式新业态，让智能制造更好地为人民美好生活服务。

“智能制造风正起，以人为本正当时。”智能制造将深刻影响人类社会的生产方式和生产关系。坚持以人为本，夯实智能制造主攻方向，推动制造业产业模式和企业形态实现根本性转变，促进中国制造业高质量发展，为加快推进新型工业化、建设制造强国提供有力支撑。

中国工程院院士

第十四届全国政协常委

国家智能制造专家委员会副主任

目 录

第1章
工业5.0与社会5.0——走向人本智造①

1.1 引言

2013年，德国提出工业4.0的概念，掀起了新一轮工业革命，这是新兴信息与通信技术（Information and Communication Technology，ICT）驱动的一轮工业革命，包括大数据（Big Data）、人工智能（Artificial Intelligence）、数字孪生（Digital Twin）、信息—物理系统（Cyber-Physical Systems），旨在大幅提升工业生产的效率和质量。由于过于注重技术带来的效益，工业4.0在推进的过程中忽略了企业从业人员的福利及生产过程的可持续性，导致出现了人们对失业的担忧、资源的浪费等社会问题。

近年来，工业5.0逐渐兴起，在充分分析和总结工业4.0暴露出来的弊端的基础上，提出一种以人为中心的工业生产规划、运作新范式。新范式一经提出，便吸引了许多学者、企业从业人员等的关注。无独有偶，起源于日本的社会5.0也将改善人民福祉、创造舒适生活作为未来社会的发展目标，通过构建超智能社会，让每个人都能公平地享受技术发展、社会进步带来的福利。当前，工业5.0和社会5.0并存，为了更好地理解它们的概念、方法论及应用方向，有必要对这两个概念进行深入分析和研讨，重点解答以下几个问题。

（1）什么是工业5.0？什么是社会5.0？

（2）工业5.0与社会5.0有哪些异同?

（3）工业5.0与社会5.0的未来走向分别是什么?

---

① 本章作者为黄思翰、王柏村等，发表于*Journal of Manufacturing Systems* 2022年第64卷，收录本书时有所修改。

1.2 工业5.0与社会5.0简介

1.2.1 什么是工业5.0

工业5.0是面向未来工业的一种新兴的工业范式，既不是工业4.0的一种简单延续，也不是工业进程中的全新变革，而是在工业生产过程中更加注重工人、社会和生态价值，基于人的主观能动性和灵活性，融合新兴技术构建富有韧性的工业生产过程，引领生态友好型、可持续发展的工业体系，打造具有“以人为本”“可持续性”“弹性化”特征的新型工业形态，如图1-1左半部分所示。

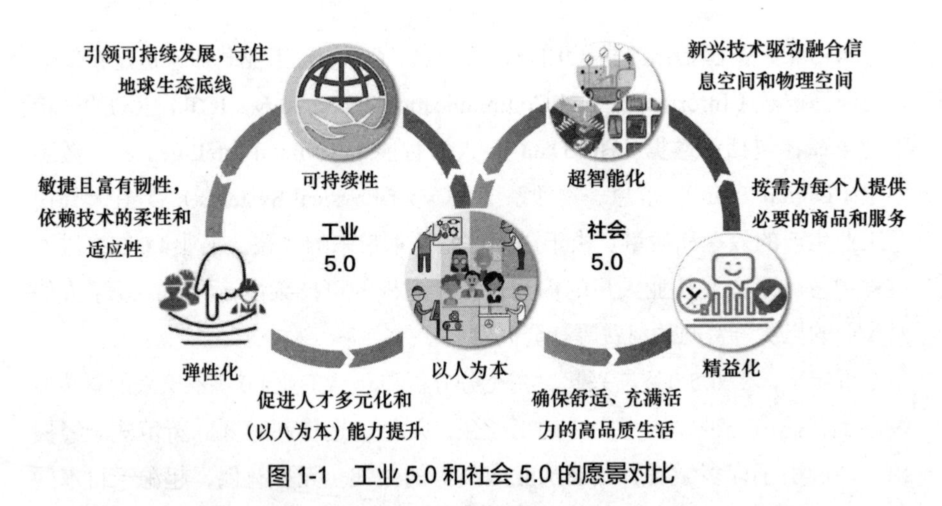

图 1-1　工业 5.0 和社会 5.0 的愿景对比

国内外的研究人员围绕工业5.0开展了一系列的研究，特别是关于工业5.0与工业4.0的区别的讨论。此外，还有部分研究人员对工业5.0面临的重要挑战、所需的关键使能技术及潜在的核心应用进行了探讨。2021年，欧盟委员会建议，欧洲工业应重新定位其在社会中的角色，并大力推广工业5.0，以实现欧洲未来工业的持续繁荣。通过工业5.0，可以从一个全新的视角观察整个工业体系的运作，摒弃传统工业实现就业和产值增长的社会目标，将工人的利益置于生产过程的中心位置，强调工业生产必须满足地球生态的可持续性，为社会稳定和繁荣提供富有弹性的支撑。

1.2.2　什么是社会5.0

社会5.0是一种科技创新驱动的未来社会形态，目标是创造一个以人为本、超智能化、精益化的社会，如图1-1右半部分所示。社会5.0的概念最初由日本政府在2016年的政府工作报告中提出，用来应对日本社会经济发展所带来的一系列社会问题，包括人口老龄化、少子化、产业竞争力减弱等。在社会5.0愿景框架下，在未来，5G、大数据、人工智能等新兴技术快速发展和广泛应用逐渐将整个社会关联起来，形成虚实共生的超智能化社会。每个人的需求，不论是服务需求还是产品需求，都可以个性化、便捷、低成本获得。每个人都可以公平地享受技术发展红利，过上舒适且充满活力的高质量生活。

回顾人类社会的发展历程，总体来说，可以分为5种形态，即狩猎社会（社会1.0）、农耕社会（社会2.0）、工业社会（社会3.0）、信息社会（社会4.0），以及目前正在加速推进的以人为本、超智能化、精益化的超智能社会（社会5.0），如图1-2上半部分所示。类似地，工业生产也经历了几次典型的变革，始于“蒸汽时代”的第一次工业革命（工业1.0），跨越“电气时代”的第二次工业革命（工业2.0），“信息化时代”的第三次工业革命（工业3.0），目前正处于“智能化时代”的第四次工业革命（工业4.0）加速发展及“人本化”转型升级的工业5.0交织阶段，如图1-2下半部分所示。可以看出，社会发展的变革往往需要在历史长河中历经沧桑，时间周期非常长。工业革命则不一样，随着新技术的不断涌现和加速迭代，往往在很短的时间内就能实现质的飞跃。相应地，随着工业进程的推进，社会变革也得到了极大的发展，奠定了工业作为社会演进核心动力的根本地位。

图 1-2　社会变革与工业变革历程

1.3　工业 5.0 与社会 5.0 的对比与联系

1.2 节对工业 5.0 和社会 5.0 的出处、概念、关键特征等进行了简要的梳理和分析，为了让读者对这两个概念的异同有更深入的认识，有必要进行系统地比较，来剖析它们的内在关联与区别。工业 5.0 与社会 5.0 的对比分析主要从四个维度展开，包括目标维度、价值维度、组织维度和技术维度，如图 1-3 所示。

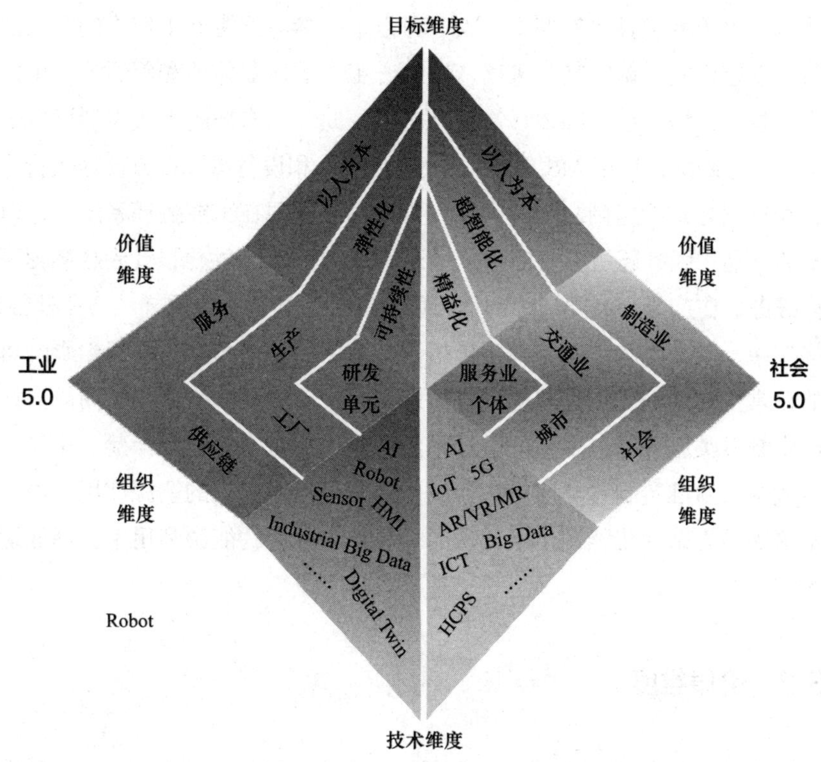

图 1-3　工业 5.0 和社会 5.0 多维度对比分析

1.3.1　目标维度

工业5.0的目标是构建以人为本、弹性化、可持续性的未来工业体系。类似地，社会5.0旨在构建一个以人为本、超智能化、精益化的未来社会。在二者的理念中，“人”不约而同地成为最重要的共同关注点。工业5.0充分考虑人的创造能力和灵活性，尝试对当前工业体系的发展方向进行适应性调整，以解决当前工业化水平和生活水平所产生的一系列问题。社会5.0也充分注重人作为社会活动主体的地位，努力打造一个共享、舒适和人人可以成功的未来社会。总之，在未来的工业发展和社会演进中，人的活力和需求必将是最受关注的。

具体来说，在工业5.0设想中，未来的制造系统和生产过程将会基于每个工人的个性化特点（知识积累、技能储备、行业经验等）进行定制，充分开发先进技术来增强工人的能力。以人—机器人协作生产场景为例，在未来，工业机器人（特别是协作型机器人）可以根据参与到协同工作中的工人的不同特点动态定制、调整交互策略，以提升工人的作业体验和舒适度，也能促进人—机器人协作任务高效、高质地完成。此外，未来的工人培训可以是完全个性化定制的，利用AR、VR、MR等新技术和设备可以很方便地进行培训内容和培训方式的定制。当然，以人为本不仅体现在工业生产系统中，以人为本的产品和服务还是工业5.0的一个特征，从产品个性化设计到持续提高定制化服务，在产品生命周期中都尽可能地考虑人的因素。同样地，在社会5.0的构想中，以人为本的服务有望传播到社会中的每个角落，并深刻影响每个人的日常生活。例如，人们可以方便地购买定制的食物、衣服等商品，很方便地定制各类服务等；未来的交通系统可以根据每个司机的年龄、工作、运行路线等来精准定制各类服务；智能电网通过考虑个人的能源使用习惯、消费水平等因素来优化能源供给，从而提高整个社会的能源利用率，降低运营成本。

1.3.2 价值维度

价值维度描绘的是工业5.0或社会5.0的价值创造过程，即价值链或价值网。工业5.0的价值链覆盖产品生命周期，包括产品的创新研发、高效生产、个性化服务、回收利用等环节，并且产品生命周期的下游环节（如产品服务）呈现出越来越多的价值创造增长点，逐渐形成了未来工业的发展新趋势。相对于工业生产，社会系统的构成和运作要复杂得多，相应地，其价值创造过程也更加复杂。社会系统可以看作系统之系统，其价值创造过程是一张巨大、复杂的关系网，可以从个性化服务系统、智能交通系统、智能制造系统等方面进行创造价值的拆解分析。

1.3.3 组织维度

从组织维度看，工业系统可以分为制造单元、工厂、供应链等层级。随着需求个性化、定制化、小批量趋势越发明显，工业系统的弹性化也愈发重要，这是工业5.0的核心诉求之一。新冠疫情带来的一系列不确定影响对整个工业系统的冲击是工业系统弹性化诉求的重要例证。社会5.0将融合网络空间和物理空间，通过数字化、网络化、智能化手段紧密连接现代化城市，精准锚定个人需求，以超智能的方式高效解决各类社会问题。事实上，从组织维度来看，工业系统是社会系统中最重要、最活跃的组成部分，这也解释了为什么在第一次工业革命之后，社会转型速度大大加快了（参考图1-2）。

1.3.4　技术维度

不论是工业革命还是社会演进，都深深地打上了技术突破的烙印，因此有必要从技术维度对工业5.0和社会5.0进行比较。作为当前交织共存的两种理念，工业5.0和社会5.0都无法避免地与新兴技术联系在一起，如物联网、大数据、人工智能、数字孪生、元宇宙等。可以说，某个特定行业，乃至整个社会的新秩序，将依赖这些新技术所驱动的数字化、智能化趋势来建立。一方面，技术的进步会推动工业系统或社会系统高效解决面临的一系列问题；另一方面，工业系统或社会系统不断涌现的新问题、新场景也促进技术的迭代更新。

以数字孪生为例，作为工业5.0和社会5.0的共同关键使能技术，为现实空间和虚拟空间的融合共生提供了重要抓手，并进一步推动大数据、可视化仿真、增强现实等相关技术的持续升级。在工业5.0中，数字孪生在促进产品生命周期的效率和有效性方面发挥着关键作用。例如，利用数字孪生技术收集的大量数据可以用于改进产品设计和制造工艺；数字孪生数据和数据分析技术可以揭示隐性故障和复杂的因果关系，提高复杂产品的维修效果；数字孪生的高保真虚拟模型可用于交互式模拟制造过程，方便地提供个性化服务和培训，提高用户体验。同样，在社会5.0中，可以使用数字孪生来提升智能房屋、智慧城市，甚至智能社会的运行效率，获取社会各类实体的实时状态，支持动态、高效地运行优化。当然，在数字孪生技术的支撑下，还可以实时监测和分析潜在的社会问题，提前准备有效的预防措施，避免灾难性的社会性事件发生。

总之，工业5.0和社会5.0虽然是两个不同的概念，依托于不同的组织形式，也有不同的价值实现路径，但它们都强调“以人为本”的理念，从满足工业系统或社会系统中“人”的个性化工作、生活需求，来解决未来可能会面临的一系列经济发展和社会问题。在工业5.0的框架下，未来工业的一个典型应用是以人为本的复杂产品装配，在这个场景中，工人的能力在一系列新兴技术的加持下能够很自然地得到极大增强，脑控机器人的引入让人—机器人的装配协作更加高效、高质。在社会5.0的视阈中，以人为本的社会将在技术驱动下进入任何人都可以在一个安全的环境中随时随地、不受任何限制地进行价值创造的超智能形态，让每个人都可以享受舒适且充满活力的社会生活。

1.4 走向人本智造

工业是社会的重要组成部分，工业生产也是社会运行和发展的重要驱动力。同样地，社会的不断演进也会对工业生产产生潜移默化的影响，进而催生工业领域的新变革。所以，在未来工业和未来社会发展过程中，需要共同应对一些调整，也存在一些共同的挑战与机遇，如图1-4所示。

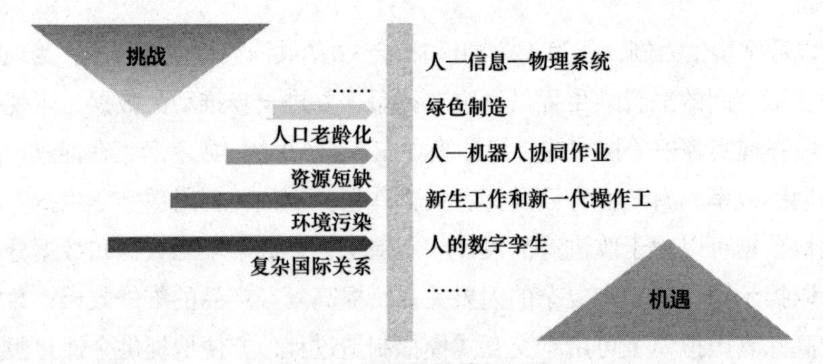

图 1-4 共同的挑战与机遇

图1-4中的挑战和机遇都共同指向了“人本智造”——人本智造既是面向新工业革命的制造模式，又是支撑未来社会，特别是未来工业发展的核心使能技术！

第2章 迈向以人为本的智能制造：基于人—信息—物理系统视角[①]

2.1 引言

在智能制造领域，元宇宙（Metaverse）、大数据分析（Big Data Analytics）、工业物联网（Industrial Internet of Things，IIoT）、数字孪生（Digital Twin，DT）、人工智能（Artificial Intelligence，AI）等颠覆性技术正在快速发展，重新定义人所扮演的角色。人与技术之间的传统界限变得模糊，这与"工业5.0""社会5.0""操作员5.0"等新兴概念阐述的内容相一致。除了技术创新，"人在环路"的系统集成也是开发以人为本的智能系统的重要特征。例如，元宇宙技术可以减少劳动力数量、资源成本及项目实施时间来进一步推动智能制造发展。在此背景下，人—信息—物理系统（Human-Cyber-Physical System，HCPS）作为构建以人为本的复杂智能系统的新兴范式，在迈向以人为本的智能制造等方面，引起了工业界和学术界的广泛关注。

关于人—信息—物理系统（以下简称HCPS）的演变，现有文献中存在以下两种观点。

- HCPS将虚拟环境集成到人—物理系统（Human-Physical System，HPS）。Zhou等人认为传统的制造系统是由人和物理系统（如机器）组成的人—物理系统；数字化智能化制造系统则将信息系统融入人—物

① 本章作者为王柏村、郑湃、殷悦、Albert Shih、王力翚，发表于*Journal of Manufacturing Systems* 2022年第63卷，收录本书时有所修改。

理系统，从而实现传统二元人—物理系统到三元HCPS的转变。

- HCPS将人整合到信息—物理系统（Cyber-Physical System，CPS）。信息—物理系统是一种嵌入式系统，能够提高效率、可解释性、可持续性和可扩展性。当前对信息—物理系统的研究通常忽视了人对其任务和组织文化的了解，这种易被忽略的因素正是著名的丰田生产系统的本质特征。人的创造力、灵活性和解决问题的能力及不断追求优化和改进的组织文化，共同推进信息—物理系统发展。信息—物理系统的技术进步和组织创新强烈依赖熟悉制造流程并支持组织文化的群体。

无论制造过程是否体现了“人在环路”理念，先进制造技术均由人创造，服务于人且与人共同协作。因此，理应将人和虚拟环境集成到智能制造系统。现有关于制造业中人和信息系统交互的综述证实以人为本的技术在工业4.0和智能制造的背景下至关重要。例如，在人机协作装配场景下，人和机器人可以在共享工作空间中高效工作，机器人可以动态改变预先计划的任务，以保障人的安全和生产需求。

HCPS是以人为本的智能制造的基础与核心，目前尚处于早期研究阶段。在对以人为本的智能制造（以下简称“人本智造”）的持续研究过程中，出现了一系列有关HCPS的疑问，如下所示。

- HCPS的通用定义是什么？
- HCPS的框架结构是如何建立的？
- HCPS的使能技术有哪些？
- HCPS的特征与特性有哪些？
- HCPS的典型应用有哪些？

为了解决这些问题，本章从以下6个方面进行论述。2.2节介绍HCPS的基础知识，包括定义、核心要素和分类。2.3节讲解HCPS框架，并详细阐述三个核心子系统。2.4节介绍HCPS的使能技术，包括领域级技术、单元级技术、系统级技术和系统之系统级技术。2.5节介绍HCPS的特征与特性。2.6节介绍HCPS在设计、制造和服务环节的典型应用。2.7节进行总结。

2.2 HCPS的基础知识

2.2.1 HCPS的定义

表2-1总结了HCPS及其相关概念，包括人—信息—物理系统（HCPS）、信息—物理—人类系统（Cyber-Physical-Human Systems，CPHS）、人在环路信息—物理系统（Human-in-the-Loop Cyber-Physical Systems，HiLCPS）、信息—物理—社会系统（Cyber-Physical-Social Systems，CPSS）。

表 2-1　HCPS 及其相关概念

概念简称	内容或定义
HCPS	由人、信息系统和物理系统组成的复合智能系统，旨在以较优水平实现特定的制造目标。 通过使用适应操作员认知和生理需求的人机交互技术，以提高人通过智能人机界面与信息世界和物理世界中的机器进行动态交互的能力，以及通过多种增强技术，以提高人的生理、感知和认知能力。 可以使人参与到多个制造环节中
CPHS	它是复杂的工程社会技术系统，其中计算机、传感和通信设备与人进行合作，在时空维度共同执行任务。 它还是重视安全的社会技术系统，其中，信息系统和物理系统之间的交互受到人的影响。组成元素包括受控制的物理系统（过程）、信息元素（如通信链路和软件），以及监测和影响信息—物理元素运行的人
HiLCPS	由人、嵌入式系统（信息组件）和物理环境组成。嵌入式系统增强了人与物理世界的交互
CPSS	将社会组件集成到信息—物理系统中，包括物理系统、包含人的社会系统、连接物理和社会系统的信息系统

这些概念虽然内涵有所不同，但是在系统组成、子系统类别等方面有相同点。如果将H、C、P分别定义为人、信息和物理组件的集合，R表示不同组件之间关系的集合，则可以定义如下三种关系。

- RX：$X \times X \rightarrow R$，其中，X是HC或P。
- RXY：$X \times Y \rightarrow R$，其中，X和Y是HC或P且$X \neq Y$。
- $RHCP$：$H \times C \times P \rightarrow R$。

由此可以推导出7种关系，分别是RH、RC、RP、RHP、RHC、RCP、$RHCP$，这些关系引出了HCPS及其相关概念。在本书中，HCPS一词囊括了上述关系和概念，可以用以下规则定义：

$$\exists H, \exists C, \exists P, \exists RCP, \exists RHP \Leftarrow \exists RHCP \quad (2\text{-}1)$$

$$\exists RHCP \Rightarrow \exists HCPS \quad (2\text{-}2)$$

由此可知，HCPS同时包括信息、物理、人三种组件，并且这些组件间至少有两种关系（*RCP*和*RHP*），这意味着同时存在*RHCP*关系。

2.2.2 HCPS的核心要素

HCPS的核心要素包括人、信息系统和物理系统，下面分别对这三个要素进行分析。

1. 人

在HCPS中，人包括影响系统和执行操作的操作员和代理（Agent），以及接受服务的用户。伴随着科技和工业革命的发展，人的角色也在不断演变，可以概括为人类1.0、人类2.0、人类3.0和人类4.0，如图2-1所示。

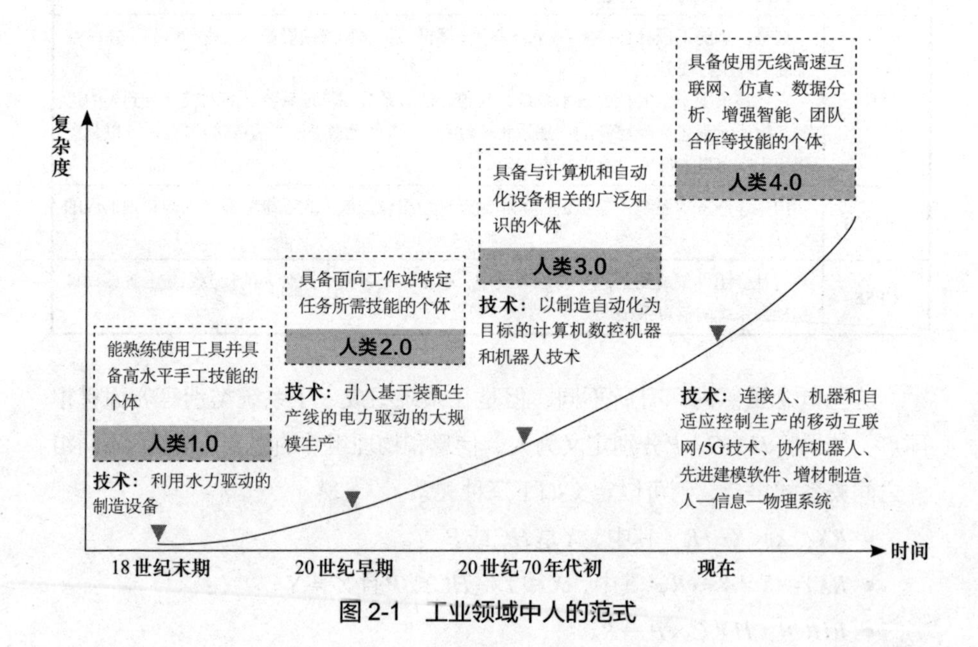

图 2-1　工业领域中人的范式

- 人类1.0是指工业1.0时代的操作员，具备使用工具的能力和手工操作技能，是能够在机械工具辅助下执行“手动和灵巧工作”的群体。
- 人类2.0是指工业2.0时代的操作员，具备完成工作站任务所需的技能，是在计算机工具辅助下执行“辅助工作”的群体。

- 人类3.0是指工业3.0时代的操作员或代理，掌握计算机和自动化设备相关专业知识，是与计算机、机器人或其他机器进行“协作工作”的群体。
- 人类4.0是指工业4.0时代的人，具备仿真、数据分析、增强智能等数字化技能，是在需要时由机器进行辅助工作的聪明且熟练的操作员。

不同类型的人在HCPS中共存。在人类4.0范式中，人的技能（如系统设计、析因、基于经验的决策学习、组织管理、创新和领导力）仍至关重要，这些是保证人与机器成功协作的重要因素。同时，人也可以充当传感器、通信节点、决策处理节点和执行器。此外，人的因素在未来的制造业中将发挥至关重要的作用。届时，人和技术的关系将比以往任何时候都更加紧密和深入，尤其是自动化和人工智能被视为增强人的身体、感官和认知能力的重要方法。近些年提出的人类5.0是指聪明且熟练的操作员在信息和技术的帮助下，利用创造力制定高性价比的解决方案，以提高突发情况下制造业的可持续性并保障劳动力福祉。

2. 物理系统

物理系统狭义上是由基于物理定律的机器组成的。广义上是由材料、能源、传感器、执行器、基础设施和环境组成的。过去几十年，物理系统的创新主要聚焦于增材制造（Additive Manufacturing，AM）和智能材料的研发。

3. 信息系统

控制论是现代智能系统的基础。近几十年，研究焦点已转向信息空间和信息系统。信息空间是计算机网络的集合，代表案例是互联网（Internet）。信息空间是信息系统的基础。广义上，信息系统包括传感、通信、网络、存储、数据库、信息技术基础设施、计算机辅助模拟、控制、人工智能和机器学习（Machine Learning，ML）等，其中通信、计算机辅助模拟和控制尤为重要。

2.2.3 HCPS的分类

站在信息—物理系统与人之间关系的视角，可将HCPS分为人在环内和人在环外，如图2-2所示。从以人为本的角度来看，HCPS可进一步分为以下三类。

- **人进行决策并行动。**人被集成到虚拟世界中，作为操作员参与系统的驱动过程。人机协作是制造业中最常见的HCPS类型。
- **机器进行决策并行动。**人被集成到信息空间中，机器的运行自动触发，而不是由人来控制。系统能够推断人的活动并实施驱动。典型案例是自动驾驶。
- **人在必要时行动。**人只参与系统的驱动过程，以实现对物理世界的控制。例如，在医疗保健场景，Fu等人设计了一种用于决策的数学模型，通过考虑人的参与来提高系统的安全性，并降低人的失误率。HCPS对人的参与具有高度敏感性，人为失误会导致严重后果。

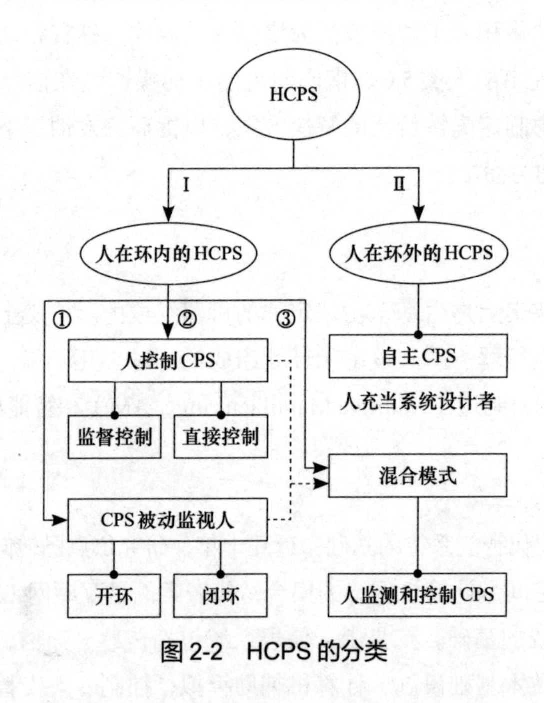

图 2-2　HCPS 的分类

2.3　HCPS 的框架

HCPS的框架包括①核心子系统，如HPS，CPS和HCS，包括人、信息系统和物理系统之间的交互关系；②使能技术，包括领域级技术、单元级技术、系统级技术和系统之系统级技术；③应用，包括以人为本的系统设计、智能生产、数字化服务等；④特征与特性，如集成、连接、智能化、适应性等，如图 2-3 所示。这些核心要素组成了HCPS的三个子系统：HPS、HCS（人—信息系统）和CPS。

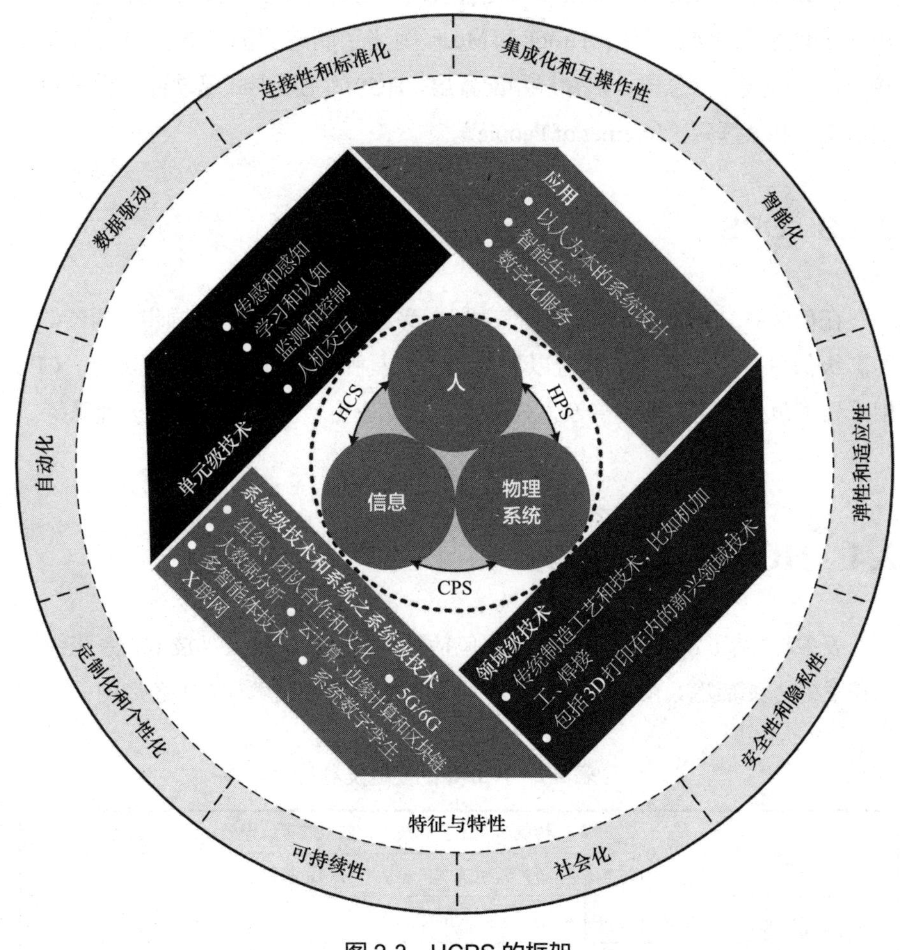

图 2-3 HCPS 的框架

2.3.1 HPS

在传统制造系统中，人在人—物理系统中独立工作或借助机器来完成任务。随着数字化的发展，HPS中许多重复性的手动任务已实现自动化。人主要承担灵活性高的任务并解决突发问题，尤其是在创新、设计、操作复杂机器等环节。在HPS中，关注人因工程/人体工程学和人机关系至关重要。

2.3.2 HCS

人具备满足制造商所需的高灵活性，将在未来持续发挥关键作用，促使HCS出现于工业4.0时代。Krogh和Mears阐述了制造业的HCS，包括智能连接层、数据层、信息层、认知层和配置层。HCS的主要形式是软件、数据库、知识工程和人联网（Internet of People）。

2.3.3 CPS

在CPS中，信息在物理系统和信息计算系统之间得以监测和同步。通过CPS的高级信息分析，智能机器可以更高效、更具弹性（Resilient）地运行。CPS相关技术包括监测与控制、嵌入式系统、数字孪生、工业互联网和云计算等。

2.4 HCPS的使能技术

表2-2总结了HCPS的使能技术，包括领域级技术、单元级技术、系统级技术和系统之系统级技术。图2-4进一步强调了这些使能技术与人本智造的关系。

表 2-2 HCPS 的使能技术

<table>
<tr><td colspan="2" rowspan="2">领域级技术</td><td colspan="2">• 传统制造工艺和技术，如机加工、焊接、锻造、铸造</td></tr>
<tr><td colspan="2">• 新兴领域技术，包括增材制造和绿色制造</td></tr>
<tr><td rowspan="4">单元级技术</td><td>传感和感知</td><td>• 用于感知人的传感器</td><td>• 人充当感知节点</td></tr>
<tr><td>学习和认知</td><td>• 人机学习</td><td>• 认知计算</td></tr>
<tr><td>监测和控制</td><td>• 远程控制</td><td>• 人的数字孪生</td></tr>
<tr><td>人机交互</td><td>• 人因工程/人体工程学
• 人机协作</td><td>• 扩展现实
• 生物电接口</td></tr>
<tr><td colspan="2">系统级技术和系统之系统级技术</td><td>• 组织、团队合作和文化
• 大数据分析
• 多智能体技术
• X联网</td><td>• 5G/6G
• 云计算、边缘计算和区块链
• 系统数字孪生</td></tr>
</table>

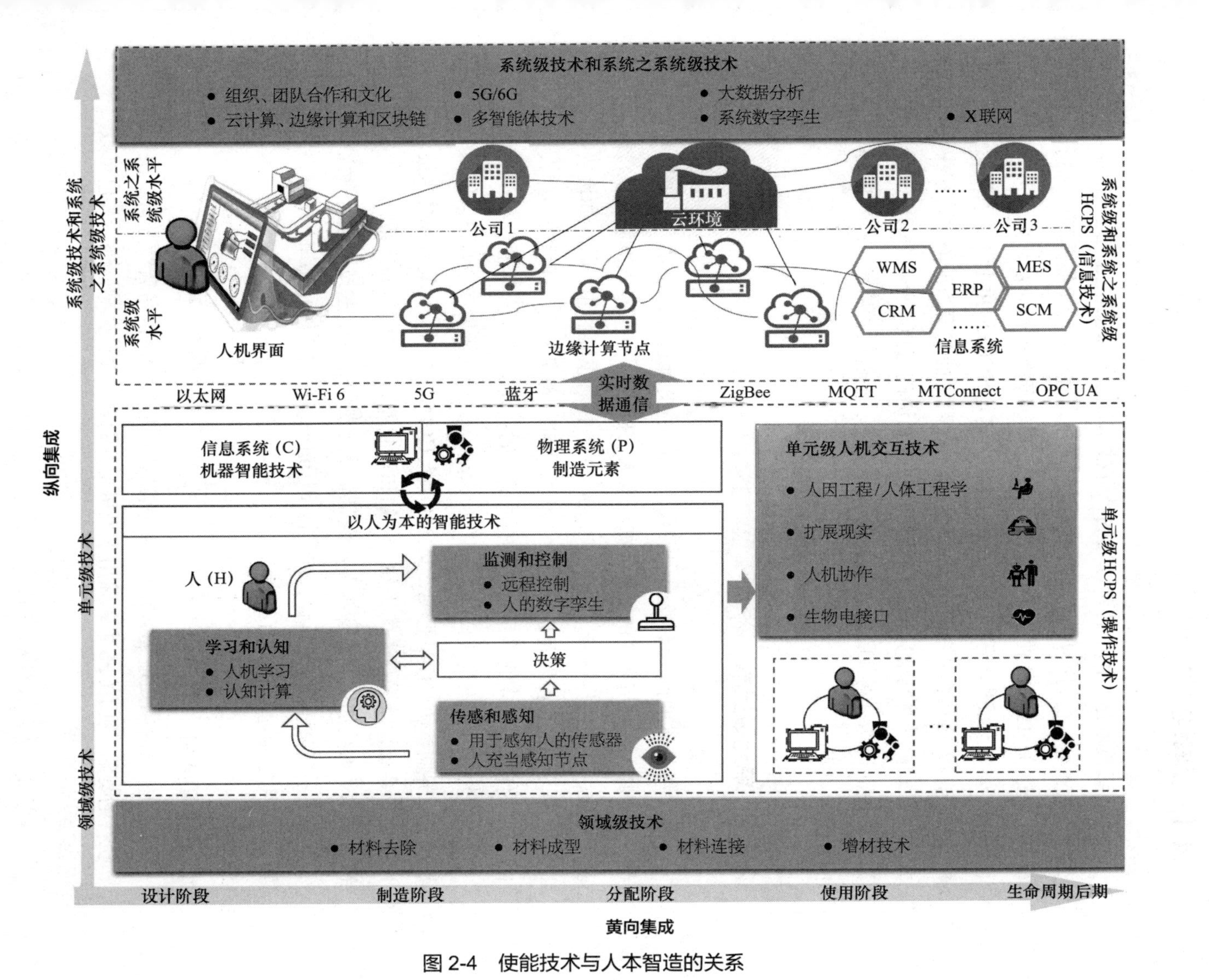

图 2-4 使能技术与人本智造的关系

2.4.1 领域级技术

领域级技术是适用于特定领域的特殊技术，这些领域包括制造、能源、交通、农业等。在制造业中，领域级技术可分为材料去除（如车削、铣削、切削、磨削）、材料成型（如铸造和锻造）、材料连接（如焊接、黏合）和增材技术（如熔融沉积成型、定向能量沉积），这是HCPS视角下开发人本智造相关功能的基础。增材制造等新兴制造技术很有可能改变当前的生产和生活方式。例如，增材制造凭借其灵活性和快速制造的特点，呼应HCPS中以人为本的设计理念。本节围绕人本智造展开论述，不包括各项制造技术的详细内容。

2.4.2 单元级技术

单元级技术面向人本智造中各代理之间的交互过程，包括人（如操作员、工程师）和制造相关的物体（如机器人、机床）。他们是人本制造系统的基础模块，其中协作智能（Co-Intelligence）发挥着重要作用，使人和机器得以相互学习。人和机器可以从经验中共同学习以实现团队目标，其中，人是由人机协作技术组成的单元级技术的关键，如人因工程/人体工程学、混合现实、人机协作、生物电接口等，如图2-5所示。这些人机协作技术可以借助先进的交互界面，使操作员直观、安全地融入HCPS。同时，机器智能技术被应用于信息系统，以增强人的感知、认知和控制能力。它们与物理系统中的领域级技术（如机加工、铸造等）实现融合来控制设备。这些技术也是系统级和系统之系统级HCPS的基础，它们将用于进一步阐述传感和感知、学习和认知、监测和控制、人机交互等。

1. 传感和感知

人和机器的感知是数据收集和数据结构化的过程，也是后续分析、决策和执行的基础。在HCPS中，除用于人机交互的智能硬件传感器外，人也可以充当社交传感器。

（1）用于感知人的传感器。

随着人更深入地参与HCPS，出现了多种新兴传感技术，用于收集人的数据。

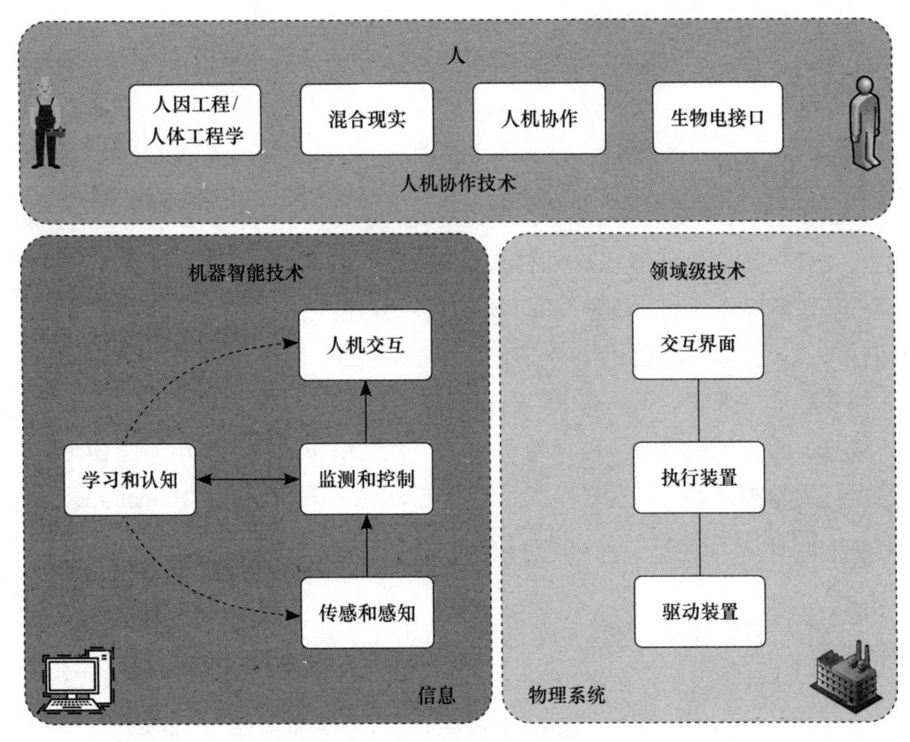

图 2-5　HCPS 的单元级技术

运动跟踪传感器：可穿戴惯性传感器可以监测人体运动，并为人的数字孪生提供数据。Chen 等人开发了一种基于可穿戴腕部相机的手势识别算法，通过手势控制机器人来实现人机协作。Kim 等人发明了一种集成深度学习算法的电子皮肤传感器，用于实时解码手指的复杂运动并从骨盆数据中提取步态运动信息。

用于心理和身体健康监测的可穿戴设备或相机：当操作员无法专注于任务时，智能传感器（如智能手表）可以识别这种状况并向系统提供信息，改变生产节奏，避免可能发生的事故。计算机视觉技术还可以识别人的位置、表情、动作等，以监测人的不安全行为。

生物传感器：人体电信号，如脑电图、肌电图等可用于控制机器。例如，Wang 等人使用柔性可穿戴传感器来检测人的眼球运动，从而控制无人机飞行。

（2）人充当感知节点。

如图 2-1 中的人类 4.0 所示，人的角色之一是感知。人可以在工厂中充当传感器，用于收集物理传感器不易识别的信息。例如，操作员可以轻松识别并上传复杂的机器故障信息并进行维护。

2. 学习和认知

HCPS具有多模态感知能力，更为重要的是具有学习和认知能力，这种能力可支撑制造系统处理复杂和不确定的问题。HCPS中的学习通常包含四个目的：了解操作环境、熟悉人员（如意图、偏好、信任度）、了解CPS（如可用性），以及学习人机如何相互适应。HCPS中的学习可以利用多种传感器，采取多种形式来满足不同需求。在实际应用过程中，复杂因素包括传感器噪声数据、部分可观测性、破坏性事件等。离线和在线学习在自适应HCPS中均发挥着重要作用。典型的学习和认知模式包括人机学习（Human-machine Learning）和认知计算（Cognitive Computing）。

（1）人机学习。

人擅长团队合作、理解复杂情况并做出高级决策，而机器擅长计算和执行高精度任务。因此，在密切的交互和协作过程中，人和机器可以从操作环境及双方行动中相互学习。Ansari等人研究了“人机交互学习”的概念，描述人和机器相互受益、双向创造价值的过程。这种增强能力来自人和机器在人机协作背景下的相互协助，被称为“协作智能”。

机器可以从多个方面向人学习。例如，通过模仿人的手势或动作，机器可以学习如何像人一样执行任务。人可以通过移动末端执行器来直接教导机器，而无须预先编程。相反，配备智能传感器和分析能力的认知机器或信息系统可以观察和评估人的活动，从而生成更优的解决方案，帮助人进行决策。人可以通过调整机器提供的解决方案，从而优化机器的决策算法。

（2）认知计算。

认知智能在制造系统中具备数据分析、理解和解释能力，以承担推理、决策和创造等复杂任务。认知计算是认知智能的基础，使机器模拟人的认知过程，从而达到人的智能水平。人的认知过程可分为两个阶段：对周围环境的感知和信息的分析与决策。决策触发相应的执行过程，进而改变和影响环境，形成流程上的闭环。多模态传感器技术、强化学习、深度学习和云计算是认知计算的使能技术。

随着以人为本的理念深入人心，聚焦人的情感和心理的情感计算等认知智能算法应运而生。制造业中的情感计算主要通过各种传感器获取人体的脉搏、表情、声音和身体动作等信息，辅以心理科学和认知科学来识别人的情绪。例如，Deng等人提出一种用于人机交互的面部表情识别方法，可以让机器感知人的愤怒、恐惧、快乐、悲伤等情绪，并在充分了解人的情绪、工作状态和心理健康后，提出相应建议，以保障人的安全和任务执行效率。

3. 监测和控制

（1）远程控制。

极端天气和传染性疾病等因素可能导致人无法在生产现场工作。因此，远程控制技术是必要的。除了传统的远程操作方法（如使用操纵杆），涌现出多种新兴技术。将操纵杆遥控和机器人远程视觉系统相结合，可以实现更便捷的远程控制。基于触觉传感器的远程控制技术可以向人提供反馈并显著提高沉浸感。基于惯性传感器的遥控技术可伴随人体运动同步操纵机器。将远程控制与虚拟现实（Virtual Reality，VR）和增强现实（Augmented Reality，AR）结合，可实现更人性化、更安全的人机交互。

（2）人的数字孪生。

数字孪生通过整合人、物理实体和信息世界来实现智能制造中的HCPS。数字孪生不仅是一种几何表示，还是一种多尺度物理模型，随着其物理孪生体的变化而动态更新。作为一种基于模型的监测和控制方法，数字孪生旨在实现制造生命周期的可持续和闭环优化。在智能制造中，人拥有不可替代的灵活性、多功能性及解决突发问题的能力。因此，除物体实体外，操作员也应由一种数字孪生来表示，称为人的数字孪生（Human Digital Twin）。Sparrow等人认为人的数字孪生是促进HCPS融合的必要技术。构建人的数字孪生需要解决两个问题：人与机器之间的通信、人的心理状态和身体行为建模。第一个问题与人机交互高度相关。对于人的心理状态建模，可以通过智能传感器和机器学习算法来监测有关情绪和心理健康的关键参数。对于人的身体行为建模，可以通过传感器获取人的姿势和位置，并映射到数字孪生的虚拟空间，用于人机状态监测和预测，如图2-6所示。He等人开发了一种基于人的数字孪生的人体腰椎健康状况实时监测方法。Matsas等人研究了如何在基于VR的人机协作仿真系统构建人的数字孪生，用于预测安全事故发生率。从HCPS视角来看，人的数字孪生有利于实时监测人的工作状态并提供人与机器之间的双向反馈信息。

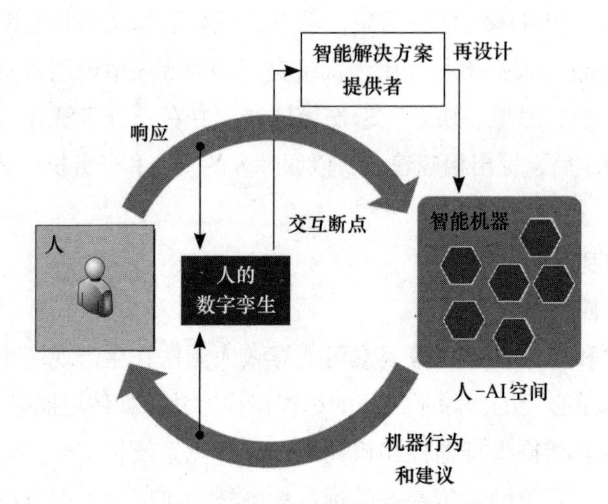

图 2-6　监测人机状态的人的数字孪生

4. 人机交互

传统的人机交互媒介通常是生产设备上的屏幕。在HCPS系统中，人机交互媒介得到快速发展，实现了人与CPS之间的数据交换和人机协作。

（1）人因工程/人体工程学。

人因工程/人体工程学（Human Factors Engineering，HFE）是实现友好高效的人机交互所不可缺少的内容。根据国际人体工程学协会（International Ergonomics Association，IEA）所述，HFE关注人与工作环境之间的相互作用，从而确保人的福祉、安全、健康和舒适性，并提高系统性能。

在单元级技术层面，HFE主要从物理工效学和认知工效学两个方面改善人机交互。前者主要关注人机交互的安全性，通过可穿戴智能设备收集人的健康数据，用于制定反馈和改善措施；后者利用虚拟模型来表征感知和理解能力，并结合VR或AR等方法，以减轻人机交互过程中人的心理压力，并支持决策过程。未来，制造系统的设计应遵循HFE相关方法和理念，在人的物理和认知方面给予帮助，而不是用全自动化工厂取代人。

（2）扩展现实。

扩展现实（Extended Reality，XR）与元宇宙类似，是VR、AR和混合现实（Mixed Reality，MR）技术的组合，如图2-7所示。AR将图形、视频、语音等信息叠加到物理世界，VR构建了可完全沉浸的虚拟世界，而MR包含AR

和VR的部分特征。扩展现实不仅有可视化技术，还有对操作环境和人的信息的感知和认知，如空间定位、手势识别、眼球追踪等。XR已成为人本智造的关键感知技术。例如，使用AR和VR来培训工人组装复杂的极紫外光刻机。

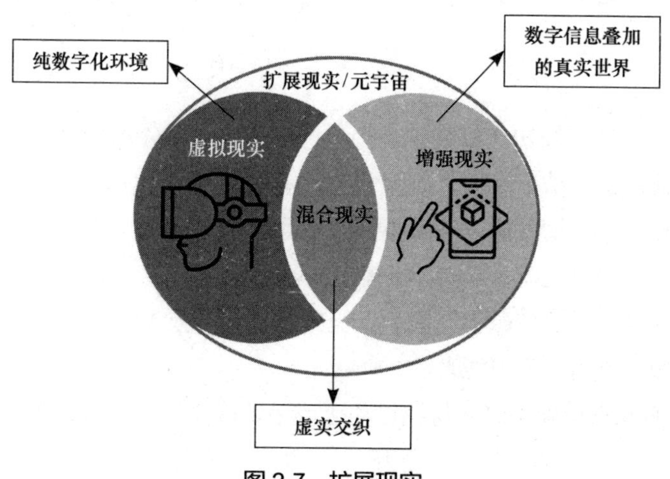

图2-7　扩展现实

AR可在HCPS中充当实时通信接口，在人机交互过程中将多模态信息实时叠加到物理世界以增强人的感知能力。AR还可与智能算法、数据库、5G、云计算等技术相结合，实时获取并分析环境数据，帮助操作员在制造过程中识别、定位和跟踪，从而减少人的工作量并提高人的认知能力。基于物联网（Internet of Things，IoT）技术，AR还可以将人的数据集成到CPS中，实现人与机器之间的实时双向通信，提高人机互认知能力。通过AR增强感知和认知能力，操作员能够在与机器的交互过程中获得更好的安全保障。

查看真实比例的虚拟对象并与之交互是VR的重要功能。VR支持制造业可视化主要体现在两个方面：一是将难以接近或危险的工业场景可视化，支持在虚拟环境中远程控制或培训操作员，而无须进入危险工作区域，从而保证工人的安全；二是数据可视化，尤其是在产品设计的早期阶段，通过提供模型可视化和仿真功能，设计人员可以获知更多的产品细节信息，从而更早、更快地发现设计问题，优化人体工程学和人机交互体验。

（3）人机协作。

近年来，人机协作相关研究已得到大力推进。例如，“工业5.0”和《2023—2024年中国智能制造产业发展报告》。

人机协作（Human-Robot Collaboration，HRC）已经从人机共存、交互、合作发展到共生人机协作（Symbiotic HRC），这是一种基于实时通信技术，使得人与具有感知、认知、执行和自学习能力的机器人之间实现相互自适应支持的范式。随着通信、数据存储、计算等技术的进步，共生人机协作具有以下特征。

- 人和机器人在协作过程中承担不同的角色。具体的任务和角色不预先指定，而是动态分配的。
- 机器人具有情境感知、认知和决策能力。
- 信息交换是实时、双向、多模态的。
- 数字孪生共享资源和信息。
- 机器人具有自学习能力。
- 人的安全得到保障。与纯自动化或手动操作相比，共生人机协作结合了人和机器的优势，可以提高工作效率和灵活性。

（4）生物电接口。

除视觉、触觉等传统交互方式外，利用人体生物电信号直接控制机器的生物电接口也得到了广泛研究。

脑机接口（Brain Computer Interface，BCI）是一种生物电接口，支持人脑与外部环境直接交互，而不依赖其他身体部位的运动。利用脑电波传递指令，可以极大程度地解放操作员的双手。脑机接口是一种创新的人机交互方式，可以有效地实现共生人机交互。脑控机器人是脑机接口的重要应用。脑机接口与深度学习的结合使脑控机器人能够通过分析脑电图（Electroencephalogram，EEG）来理解人的意图，从而使人脑能够直接控制机器人。

肌电图（Electromyography，EMG）信号也可用于人机交互。Yang 等人研究了一种基于深度学习的手势识别算法，通过可穿戴臂带采集手臂肌电信号，推断手部动作意图，并驱动灵巧的机器手模仿相应动作。同时，外骨骼机器人被用于增强操作员的肌肉能力或作为外肢体辅助。Liu 等人研究了通过肌电信号将人体运动意图传输到外骨骼，以实现操作员和外骨骼机器人的协作。

2.4.3 系统级技术和系统之系统级技术

在HCPS中，系统级技术和系统之系统级技术分别支持人本智造的纵向集成和横向集成。它们主要负责处理大量来自用户和产品的数据，并实时做出决策，以支持以人为本的产品设计、制造和服务。

1. 组织、团队合作和文化

工业5.0是价值驱动的制造业变革，其核心观点之一是强调人的福祉和利益。除追求高质量、高效率、低成本外，人的因素也是HCPS的重点。遵循以人为本的理念，工厂应提供安全、舒适的工作环境，维护工人的基本权利。这些可以通过优化组织、团队合作、文化和更智能的辅助系统来实现。新兴技术（如混合现实、协作机器人）可以使操作员承担更多创造性和增值性的工作，从而帮助人们实现自我价值。

2. 5G/6G

第五代移动网络（5th Generation Mobile Communication Technology，5G）可以通过显著提高通信容量、数据传输速率、覆盖节点数量和实时性能来为制造系统赋能。国际电信联盟无线电通信组（ITU-R）确定了三种5G的未来应用场景，包括增强移动宽带（eMBB）、海量机器类通信（mMTC）和超可靠与低时延通信（URLLC）。5G对于HCPS至关重要，可以助力大量异构节点进行通信，并支持海量数据和信息的快速传输。人与CPS之间的交互也依赖5G，如人的身心状态监测、利用VR/AR实时执行任务、遥操作、人机协作等。目前已针对6G技术开展研究。

3. 大数据分析

随着信息技术的进步，以及人类活动（如生产、消费、日常生活）所产生的各种数据，大数据时代已悄然来临。HCPS内部存在海量异构数据，挖掘其中隐含的知识和关系具有重要价值。这些离不开大数据分析，它是一种使用人工智能、数据挖掘和统计的方法来分析并提取信息的方法，尤其面向传统数据处理方式难以解决的问题。制造业中最常见的大数据分析应用是监控和预测。例如，Kumar等人提出了用于维护和预测的数据驱动的可持续制造框架。大数据分析模型在与动态制造环境交互过程中得以不断更新、学习和评估。对不合理结果的人工修正、专家知识、具有可解释性的分析方法，可以提升制造系统的认知水平。Wocker等人将专家监督引入算法超参数的更新过程，提高了用于维护的数据驱动方法的降噪性能。

4. 云计算、边缘计算和区块链

为了实现便捷高效的资源共享，近年来，出现了分布式计算和云计算。云计算有两种部署方式：云计算加持的智能制造和云制造。前者意味着云服务提供商可以在去中心化的环境中为企业和个人用户提供即插即用的计算服务。而云制造可以集成生产、分配和销售等制造流程，连接客户、服务提供商和企业等组织，并提供所需服务以优化制造资源的利用率。云计算改变了传统的制造业模式，使一切皆为服务。将边缘计算等新型数据存储和处理技术与云计算相结合，可以将制造商的数据计算、存储和网络能力从云端延伸到边缘端，显著降低通信延迟。区块链具有去中心化和不可变性等优势，提高了云计算的可信度和透明度，保障了用户的信息安全。

5. 多智能体技术

在HCPS中，无处不在的“人在环路”控制不可避免地导致操作员和智能体之间的交互和影响。过去人的作用主要是在CPS出现问题时对制造系统进行手工干预。而在HCPS中，有必要将人的存在和行为视为关键要素。

为了增强“人在环路”制造系统的灵活性和可扩展性，面向制造的控制架构已从基于层次的集中控制发展到异构的分散控制。在这种分布式控制网络中，多智能体系统（Multi-Agent System，MAS）是指具有组织性的智能体集合，它们代表系统内对象的行为，能够通过点对点（Peer-to-Peer，P2P）通信进行交互和协商，以实现各自目标并自适应地执行任务，从而响应快速变化的产品需求。例如，Kim等人提出了一种基于MAS和强化学习的分布式智能算法，可以通过智能代理机器人的自主决策来解决调度问题。

6. 系统数字孪生

在HCPS中，系统数字孪生（System Digital Twin，SDT）是指物理机器的数字孪生和人的数字孪生的集成及其交互。系统数字孪生是HCPS的虚拟映射，它可以监视、控制和预测数字世界中的各种过程，并促进人、制造过程及二者平衡的持续优化。系统数字孪生可以提高数据驱动的制造系统的响应性、适应性和可预测性。系统数字孪生连通资产、人和服务，对这些因素关键部分的虚拟映射进行可视化。结合人工智能和机器学习，系统数字孪生可以对整个生产过程的数据进行跟踪和分析，提高预测能力，分析生产效率瓶颈。在系统之系统技术层面，在企业间建立基于系统数字孪生的分布式生产网络可以极大提高可操作性和可预见性。Lim 等人提出了涵盖通信、表征、计算和微服务在内的四层技术堆栈，用于实现系统数字孪生。Tao 等人提出了一种通过数字孪生来集成信息物理数据的架构，用于改进产品设计、制造和服务。

7. X联网

物联网技术最初是指射频识别技术网络。传统物联网通过物理设备的互联来实现数据采集、感知和任务执行。在 HCPS 中，物联网是新一代信息通信技术的集成创新应用。因此，人工智能与物联网的融合催生了智能物联网（Internet of Intelligent Things，IoIT），在制造系统具有感知和执行能力的基础上，为其赋予推理、分析和决策能力。整个系统是分布式和自治的，智能连接设备不仅具有物联网中的认知功能，还可以通过协同行动实现智能化。此外，物联网广泛连接人、机器和服务等各种节点。Langley 等人提出了万物互联（Internet of Everything/Internet of All）及类似概念，统称为 X 联网（Internet of X），包括物联网（IoT）、人联网（IoP）和服务互联网（Internet of Service，IoS）等。

通过可穿戴智能设备、外骨骼或脑机接口作为媒介，人联网将人视为制造网络的节点。操作员更频繁地参与到任务中，按需充当不同角色。工作任务在执行者、监测者、控制者、绩效分析者和行为影响者之间共享。人的行为会极大地影响 HCPS 的运行状态和服务质量。由于人的行为具有不可预测性，因此人的建模是一个重要挑战。Nunes 等人认为操作员主要负责生产过程中的数据采集、状态推断和驱动等过程，并研究如何从感官数据推断出人的意图、精神状态、情绪和行为。

服务互联网代表从以产品为导向向以服务为导向的模式转变，简称服务化。随着物联网的发展，在云计算、数字孪生和大数据分析等技术辅助下，

Zheng等人提出了一种基于智能连接设备的智能产品服务系统（Product Service System，PSS），该系统以数字化和服务化为目标，通过提供个性化的产品和服务来满足用户的个性化需求。尤其是，"人在环路"混合创新方法体现了以人为本的价值共创过程。

综上所述，随着信息技术的发展，人逐渐成为X联网的一员，云边缘计算提供数据存储和计算能力，区块链保证数据和信息的安全，大数据分析和人工智能技术的结合为HCPS赋予感知、认知和预测能力。

2.5 HCPS的特征与特性

除集成性、智能化等信息—物理系统的核心特征外，HCPS基于以人为本的视角，还有其他典型特征与特性，归纳如表2-3所示。

表2-3 HCPS的特征与特性归纳

特征与特性	内　涵
连接性和标准化	保障虚实环境之间的实时数据交换
集成性和互操作性	连通虚拟化、实时性、计算能力
数据驱动	数据管理和分析
智能化	支持以独立或协作方式对共同目标进行决策
自动化	利用模块化、灵活、可重构系统实现自主制造
弹性和适应性	利用人的认知功能和信息—物理系统技术，从异常状况中快速恢复，维持系统的稳定
定制化和个性化	通过人机交互，实现小批量、多品种的产品及相关服务，以满足用户的个性化需求
安全性和隐私性	保障智能制造系统中的网络安全和易出现个人数据隐私问题的人机协作安全
可持续性	长期保持制造流程和人力资源的可持续竞争力
社会化	通过推动资源共享、提高价值创造能力、增强用户参与度，以实现全球化和去中心化进程

2.5.1 连接性和标准化

HCPS的连接性和标准化不仅依赖人，还与视觉传感、通信与推理、大数据分析及状态交互等以人为本的能力密切相关。智能工厂逐渐被视为执行物理和认知任务的智能体协同网络，这些工厂系统的基础包括目标导向、控制和协同代理，以促进人机团队合作。图2-8是HCPS的通信类型，起点是通过口头或纸质文档进行通信的仅包含人的通信，如图2-8（a）所示。其中，直接沟通在传统生产车间中比比皆是。信息通信技术的使用使生产操作得以分散，操作员仅能看到各自负责监督的制造系统，如图2-8（b）所示。随后，生产过程的通用控制架构实现了车间不同操作员之间的数据交换，如图2-8（c）所示，并逐渐使系统转变为涉及人机资源交互的混合系统，如图2-8（d）所示。最后，通过在工业互联网中使用标准化协议，系统演变为一种集成人对人、机器对机器和人对机器的结构，如图2-8（e）所示。

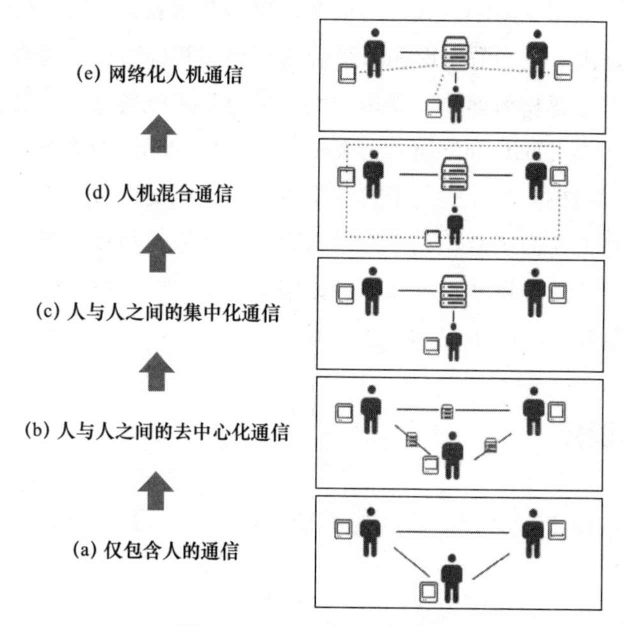

图 2-8　HCPS 的通信类型

2.5.2　集成性和互操作性

5C方法论强调HCPS的集成性和互操作性。从连接、通信、协作等方面来看，集成的作用是将子系统连接起来，作为整体发挥作用。HCPS的互操作性是指多个人机实体之间能相互理解，从而充分发挥彼此的功能优势。因此，在智能工厂场景建立集成性和互操作性的框架有利于实现协作目标。依据5C方法论，横向、纵向和端到端集成为企业内、企业间的协作及信息物理数据网络系统提供了多种解决方案。现有研究已提出具有相似技术堆栈的互操作性标准，考虑了数据采集、存储、检索、信息交换、分析和用户控制。此外，在现有工厂集成工业4.0技术还必须考虑协调和融合机制，以保障任务效率、人员安全、系统安全、个人隐私、异构数据管理、复杂的流程规划和决策支持方法等方面的流畅协调。

2.5.3 数据驱动

对于智能制造中的HCPS，来自人和产品的海量感知数据隐含的价值信息和知识应通过数据驱动的方式进行挖掘，包括数据收集、信息检索和知识生成。基于数据湖、图形数据库和云平台进行存储和检索可以提高数据访问的便捷性，数据过滤和清理技术则用于确保信息的正确传递。同时，数据—信息—知识—智慧（Data-Information-Knowledge-Wisdom，DIKW）作为一种典型的知识管理结构，可以应用于智能制造领域，以支持数据驱动和知识密集型的决策。此外，为了避免数据冗余与重复，克服大数据分析、生产流程应用、业务模型集成等挑战，可以借鉴数字孪生系统的数据结构作为管理复杂HCPS结构的参考标准，以提高系统性能。

2.5.4 智能化

智能化是HCPS系统的一个关键特征，可分为人类智能、机器智能和协作智能。

1. 人类智能

人类智能与人的能力密切相关。人类智能是指人通过学习和理解知识来掌握技能，创造性地管理和操作相关过程或系统，实现企业和系统的共同目标。

现有文献对HCPS中的人类智能进行了广泛研究。Yoshimi在《基于人类智能的制造》一书中提出了基于人类智能和基于思维模型的制造概念。Martensson等人研究了以人为本的柔性制造系统，其中的模型包括人监督控制器时的五种角色定义（规划、指导、监测、干预、学习）和相互关联的反馈循环。人类智能是智能制造的关键因素，其框架如图 2-9 所示，展现了基于人类智能的执行策略，影响着特定场景的计算机化和自动化水平。

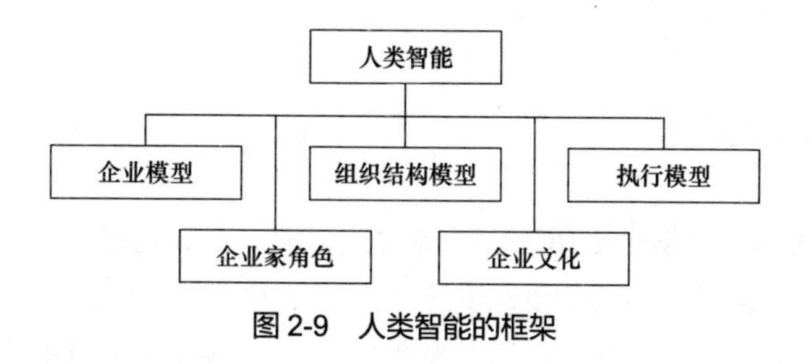

图 2-9　人类智能的框架

2. 机器智能

人工智能创新在先进制造众多场景中随处可见，深度学习用于生物特征映射的面部识别、生产力和安全的流程自动化、知识生成的大数据分析、无人服务的聊天机器人和云与量子计算，这些技术使数据访问和其他计算过程变得简单且高效。同时，在前沿认知计算的赋能下，HCPS 旨在依靠认知智能缩短人类智能和机器智能之间的差距。视觉推理、知识图谱和图形嵌入等技术使机器能够模拟人脑的推理过程，从而以自然的方式及时、正确地理解、解释和响应人的行为及指令。

3. 协作智能

《哈佛商业评论》的一项调查指出，人类和人工智能正在协同发力。协作智能的提出基于两个概念：人辅助机器和机器辅助人。在前者中，人的工作包括教导机器在某些情况下做什么，解释为何做出此种决策，针对模拟和预测中出现的异常情况修正决策过程。在后者中，机器对人的辅助过程必须以可配置和自适应的方式实现，以便人能够将机器（机器人）视作第三方来与工作对象交互。协作智能在 HCPS 中的作用是集成人机系统，通过缩小人机交互愿景和实际环境之间的差距，构建高效、安全的工作环境。人的因素是核心属性，其中人为错误风险、责任和监督及所需自动化水平将决定智能工厂中自动化加工过程的角色。避免过度的自动化将提高操作员的个人意识，并保持人机高信任度。

Wang 和 Zheng 等人提出了一种协作智能框架，其中人和机器智能都形成了知识学习和协作反馈的循环。推理框架、因果建模和知识生成发挥着关键作用，通过机器训练或学习、推理、跨领域过程来支持“人在环路”的方法。最终，混合智能有望重新配置资产和流程，并通过数字服务化范式促进不同利益相关者的价值共创过程。

2.5.5 自动化

以人为本的自动化是HCPS的一种设计实践，旨在确保设计者将最适合人的任务分配给人，并促进复杂系统中的人机协作。根据人与机器的协作方式，自动化存在不同形式，如以人为本的协作、以机器为导向的协作、人机协作等。如果以完成协作为目标，即人和机器人共享同一个工作空间并同时开展工作，则以共存或合作方式部署解决方案具有重要意义。

2.5.6 弹性和适应性

弹性和适应性是指HCPS利用人的认知功能，借助信息物理元素从干扰和异常中恢复并保持稳定的能力，如表2-4所示。操作员可以主动将自身角色从控制环外转移到控制环内，以承担更多的交互工作并对系统施加控制。人的可靠性越高，系统的弹性和适应性越强。Vanderhaegen从失调稳定性的分析、识别、控制等方面对失调控制进行了讨论，以此来探究人的可靠性。

表 2-4 HCPS 的弹性和适应性

适应类型	触发规则	理想输出
从人到机器的任务再分配	人认知负荷超过阈值，疲劳累积，人为错误率增加	控制人认知负荷在正常范围内
从机器到人的任务再分配	CPS未知情况，CPS发出请求，CPS出现故障	顺利解决意外干扰
机器适应人	人的偏好差异与信息查询机制	优化提供给人的信息内容，避免随着时间推移导致压力不断增加
人适应机器	机器控制变更的请求，环境变化导致控制权转移	增强处理操作活动和状态的能力

除操作员的补救行动外，基于使能技术的内在信息物理要素也可以在提

高弹性和适应性方面发挥关键作用。传感技术可以提高整个系统的情境感知能力，基于人工智能的数据分析可以根据感知到的情境数据为系统提供有价值的信息参考，从而根据预先制定的规则和知识触发相应控制和调整程序。

2.5.7　定制化和个性化

随着信息技术的广泛应用和以人为本理念的深入人心，制造业正从大规模生产转向个性化生产，这是HCPS的核心特征之一。基于人与产品的交互，来自产品和用户的数据可用于生成和更新适合用户需求和偏好的产品设计方案。基于开放式架构、数字孪生、虚拟现实、增强现实等技术，可以打造交互式和沉浸式开发模式，助力用户参与设计过程。该方法为愿意进行想象和创新的群体提供了一种参与设计过程的渠道，有助于使设计师了解用户的真实期望。个性化还体现在制造、使用、维护、回收等其他生命周期阶段。例如，产线可以为适应生产订单的需要而进行重新配置，产品运营服务可以根据用户的偏好进行调整和定制。此外，还可以从历史经验中得出不同的维护和回收策略，并随着数据和知识的积累而实现更新。

2.5.8　安全性和隐私性

安全性和隐私性也是HCPS的重要特征，涉及人的操作安全、信息安全、数据隐私等。

目前，一些场景仍然需要人来执行任务。因此，保障操作员的安全仍面临较大挑战。例如，在操作员与机器人协作执行装配任务的过程中，操作员可能会与机器人发生碰撞，可能造成身体伤害，甚至导致残疾。以下方法可以降低这类事件的发生率，如基于线性或非线性估计降低机器人的运行速度、基于计算机视觉方法来检测人机碰撞等。

在信息安全方面，HCPS采用多种信息技术，不可避免地在制造系统中产生、传输和处理大量隐私和敏感数据，使系统成为潜在的攻击对象。物理组件由电子设备驱动，而电子设备通过网络由软件控制。在此过程中，电子设备可能成为侵入性硬件攻击、侧信道攻击等手段的目标，软件在运行时可能会遭受恶意程序和病毒的攻击，通信协议可能被其他协议操纵，制造系统中的操作员也可能遭受网络钓鱼或社交攻击。

随着设备、人、工业系统之间的连接和交互不断增加，数据隐私已成为保护企业利益的关键问题，特别是处于大数据和基于云的环境中。为了保障隐私和数据安全，人们开发了如下方法。例如，采用混合执行模式，通过公共云处理非敏感数据，通过私有云计算具有机密性和隐私性的数据。联邦学习能利用本地服务器中存储的去中心化数据进行数据分析，以最大程度地减少数据泄漏的风险。用于请求和交付制造服务的特定格式也能较好地保护知识产权。此外，还可以开发数据加密和识别方法来保护个人隐私，如去身份化政策、区块链、同态加密等。

2.5.9 可持续性

可持续性是HCPS的基本特征，不仅涉及为市场和用户提供的产品，还与企业如何保持可持续竞争力有关。可持续性的目标之一是重点关注制造的主要贡献要素。例如，由于能源价格不断上涨，能源消耗和原材料支出占生产成本的绝大部分，当引入并遵循可持续性标准和策略时，整体生产成本会降低，企业可以获得更多利润。

同时，还需要考虑人力资本的可持续性，合理利用人所具备的知识将在极大程度上影响智能制造。在人本智造的实施过程中，企业很可能会遇到技术人员短缺的问题，这种短缺可能发生在企业上层、车间层及涉及智能制造管理和应用的任何人员群体中。

2.5.10 社会化

社会化是HCPS的基本特征，它伴随着利用信息技术以推动资源共享、提升价值创造能力和提高用户参与度而出现。

在推动资源共享方面，制造业旨在充分利用现有资源，平衡分散的制造资源，提高资源利用率。资源共享通过可重构功能、供应链管理和产品服务系统来实现，可发生在企业内部、不同企业之间，甚至不同行业之间。提高价值创造能力是通过使价值载体从以产品为主转变为以服务为主来实现的，通过多标准评估方法丰富价值衡量模式，从而更全面地服务用户。

为了提高用户参与度，用户这个角色被赋予更多意义，逐渐转变为多重身份。例如，随着大规模个性化定制模式的出现，用户不仅是消费者，还有机会作为设计者深入参与产品的设计过程。

2.6 典型应用

2.6.1 以人为本的智能产品—服务系统设计

智能产品服务系统在学术界和工业界引起了广泛关注。借助新的信息技术和数字技术，智能互联产品和数字化服务正在塑造面向大规模个性化生产的以人为本的智能解决方案。

Wang等人开发了一种以人为本、基于超图（Hypergraph）的智能增材制造服务配置系统，可利用环境感知信息自动生成定制化配置结果，如图2-10所示。与传统的产品服务系统不同，该配置系统支持通过自然语言表达用户偏好。平台系统收集用户的首选需求属性、预期使用场景及其他相关信息作为原始输入，输出产品推荐方案列表来满足用户的查询需求。此外，位于后端的解决方案超图可以动态补充新的解决方案，从而实现闭环设计迭代。

同时，Lim等人提出了一种基于环境感知的数字孪生系统，能够集成两种工程产品生命周期阶段，从而为产品的重新配置与设计提出可行性建议，如图2-11所示。基准机制包括环境信息和布局，而交互机制允许设计人员在部署之前评估原型的有效性。当面对新的使用需求时，重新配置机制为将要更换的产品模块提供可行性建议。重新设计机制有助于下一代产品族模块的开发，旨在添加现有模块缺乏的新功能。该方法大大减少了对第三方专家的依赖，并消除了烦琐的产品族组合的比较过程。

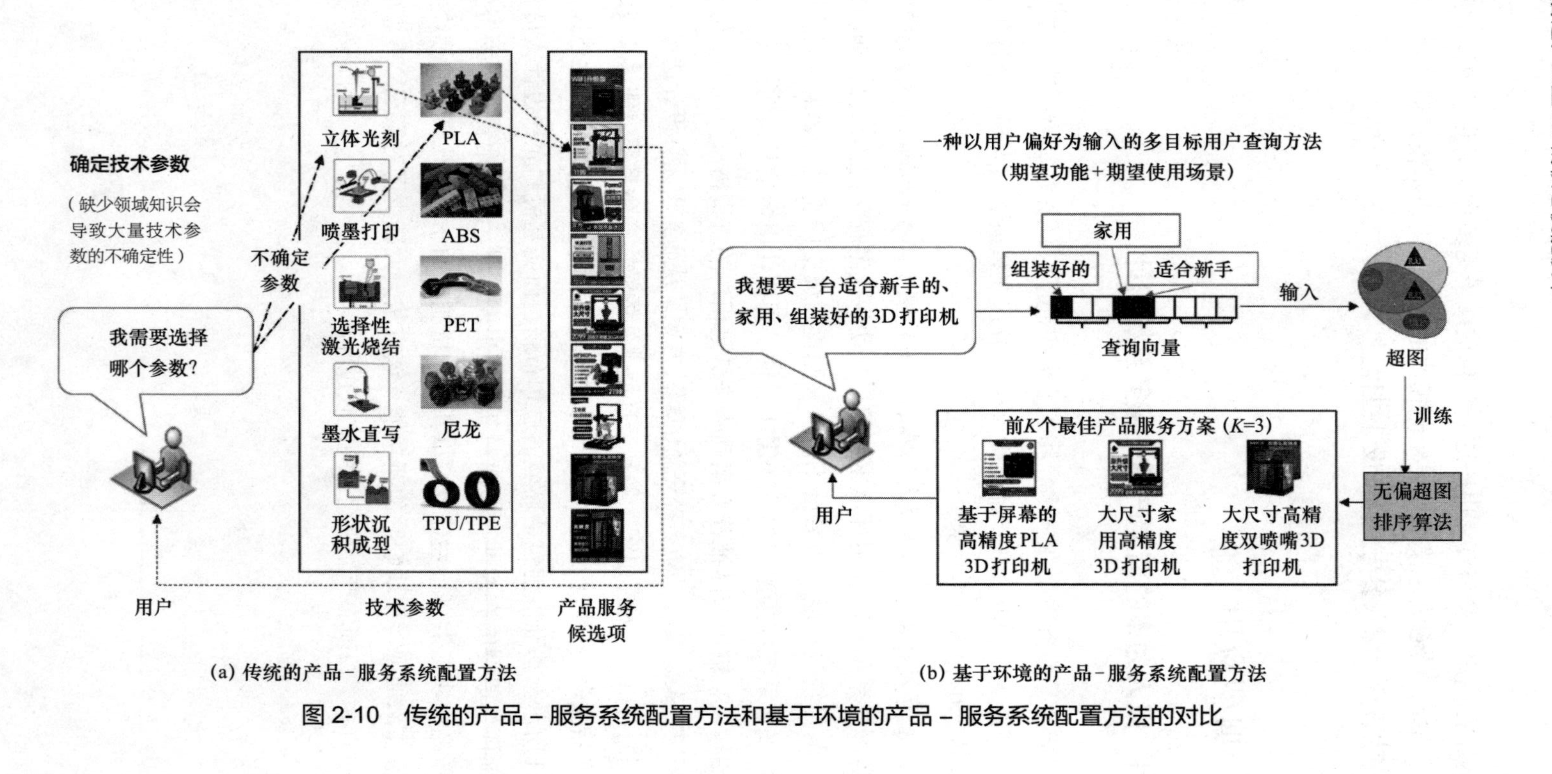

(a) 传统的产品-服务系统配置方法

(b) 基于环境的产品-服务系统配置方法

图 2-10　传统的产品－服务系统配置方法和基于环境的产品－服务系统配置方法的对比

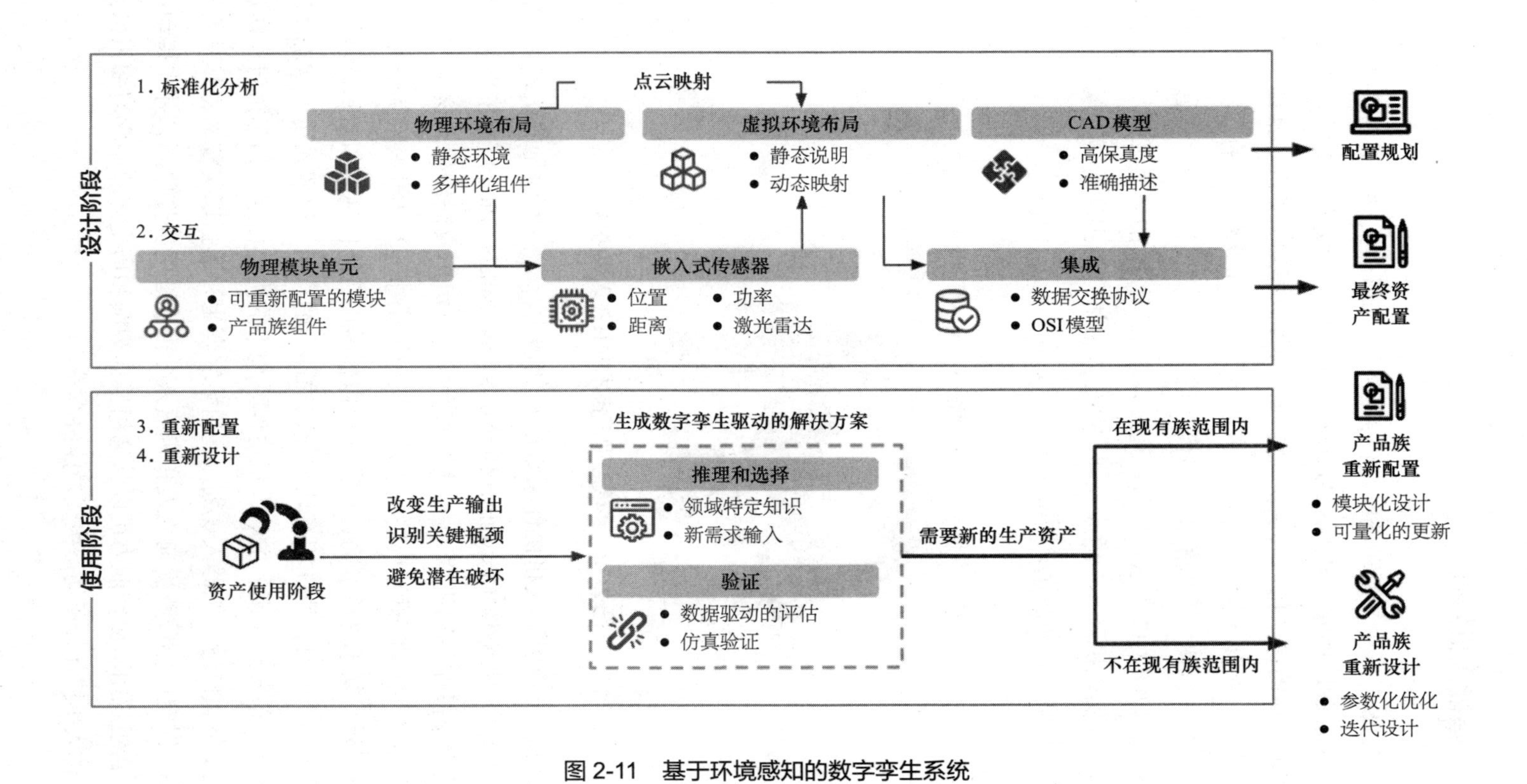

图 2-11 基于环境感知的数字孪生系统

2.6.2 智能人机协作

在HCPS工厂中，复杂的制造任务需要人和机器人共同参与。共生人机协作（Symbiotic Human-Robot Collaboration）旨在实现人和机器人的最佳结合，实现灵活的自动化。共生人机协作系统拥有感知、处理、推理、决策、自适应执行、相互支持和基于实时多模态通信进行情境感知的自学习能力。同时，共生人机协作系统配备了多模态通信技术，包括手势、语音、运动和触觉传感，如图2-12所示。同时，通过人机协作场景的环境感知，可以根据多模态命令实现机器人自适应控制。共生人机协作为主动避碰、规划、自适应机器人控制、移动操作员辅助等环节奠定基础。

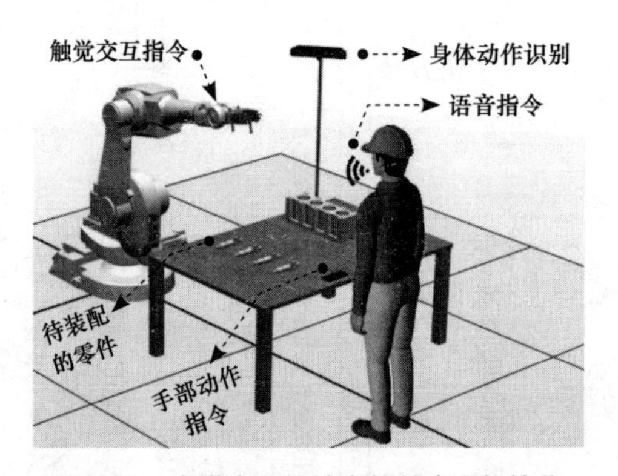

图2-12 多模态通信技术的共生人机协作

为了进一步提高人机协作系统的认知能力，一种可预见的认知制造范式——主动人机协作（Proactive Human-Robot Collaboration）正在兴起，其目标是实现操作员和机器人在制造活动中的自组织双向协作。该系统主要包含三部分：①协作相互认知；②时空协作预测；③自组织团队协作，如图2-13所示。基于这些能力，机器人可以提前进行路径规划和控制，以便与操作员合作。同时，协作相互认知通过推理人的意图、机器人运动状态及感知周围环境来发挥作用。主动人机协作系统中的协作相互认知包括对操作员的直观支持和自适应机器人规划，利用数字孪生和增强现实技术将其融入执行循环。时空协作预测提前为人和机器人分配合适的操作序列，并支持动态调整。自组织团队协作能力可以从通用操作规则和历史经验中学习知识，并为相似的人机协作任务动态生成最佳协作模式。

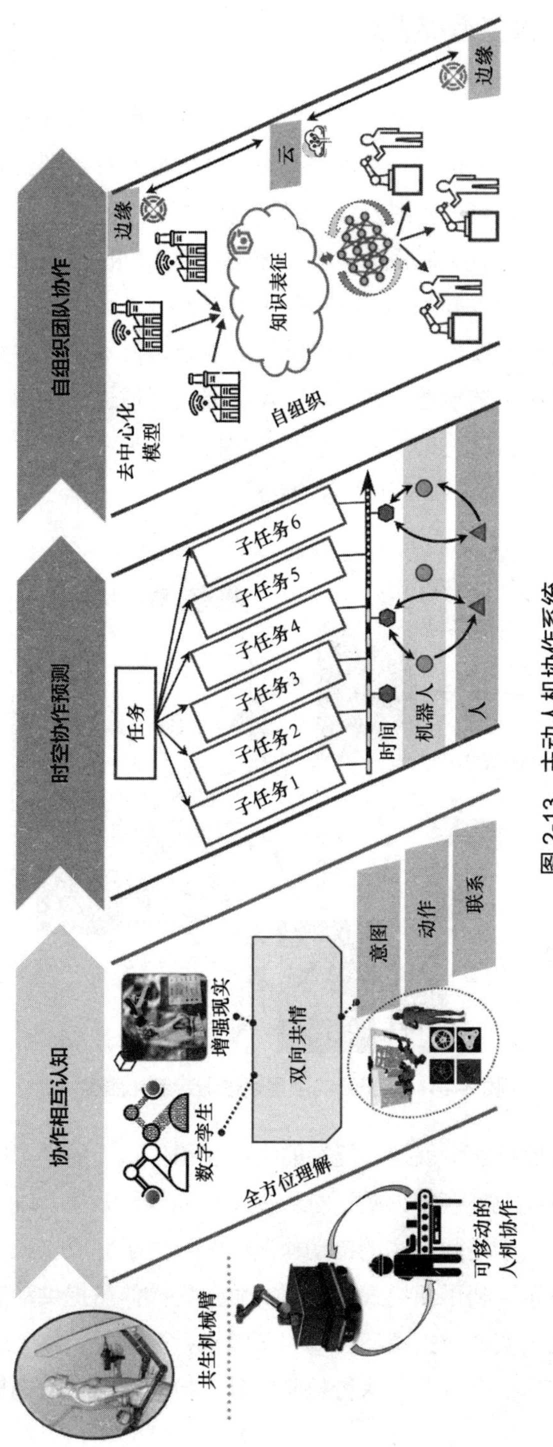

图 2-13　主动人机协作系统

2.6.3 数字化服务造福人类

在大规模个性化生产时代，用户的个性化需求可以通过云计算和增材制造技术直接传递到生产现场。在此背景下，Shih等人对基于云的踝足矫形器定制化服务进行了研究，如图2-14所示。设计该系统的目的是在患者就诊当日为患者提供所需的踝足矫形器。首先扫描患者脚部和腿部的3D点云几何信息，并将其存储在云服务器上。临床医生可以通过云端修改点云数据来更新患者对矫形器设计的要求，利用经过验证的踝足矫形器设计方案来生成增材制造的刀具路径和工艺参数。踝足矫形器中嵌入了惯性测量单元，可用于测量患者的运动情况，以进行步态分析和优化设计。该系统为矫形器定制化服务提供可行的解决方案，提高了患者的就诊体验。

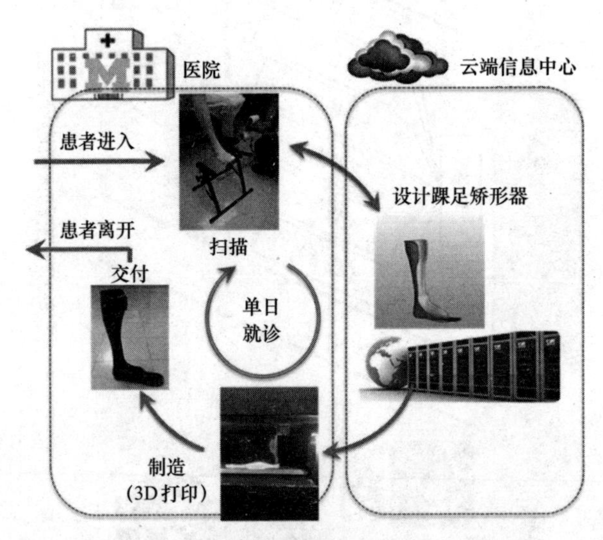

图 2-14　基于云的踝足矫形器定制化服务

同时，制造现场众多敏捷、复杂的生产流程依赖人的手工操作，这些重复性的任务影响工业环境中人的福祉。为了提高操作效率，Li等人开发了作为数字化服务的基于增强现实的自动检测系统，用于完成以人为本的装配任务，如图2-15所示。利用便携式增强现实眼镜为操作员提供动态反馈信息。同时，工业场景的实时数据由增强现实眼镜进行采集并传输到云端环境。在云端，自动检测算法可以按需执行检测任务。检测算法采用先进的人工智能模型进行训练，并通过云计算资源完成推理过程。检查结果即刻传输到增强现实环境中，以实时提醒和辅助操作员。基于增强现实的HCPS显著减少了操作员的手工操作，改善了生产过程的可持续性。

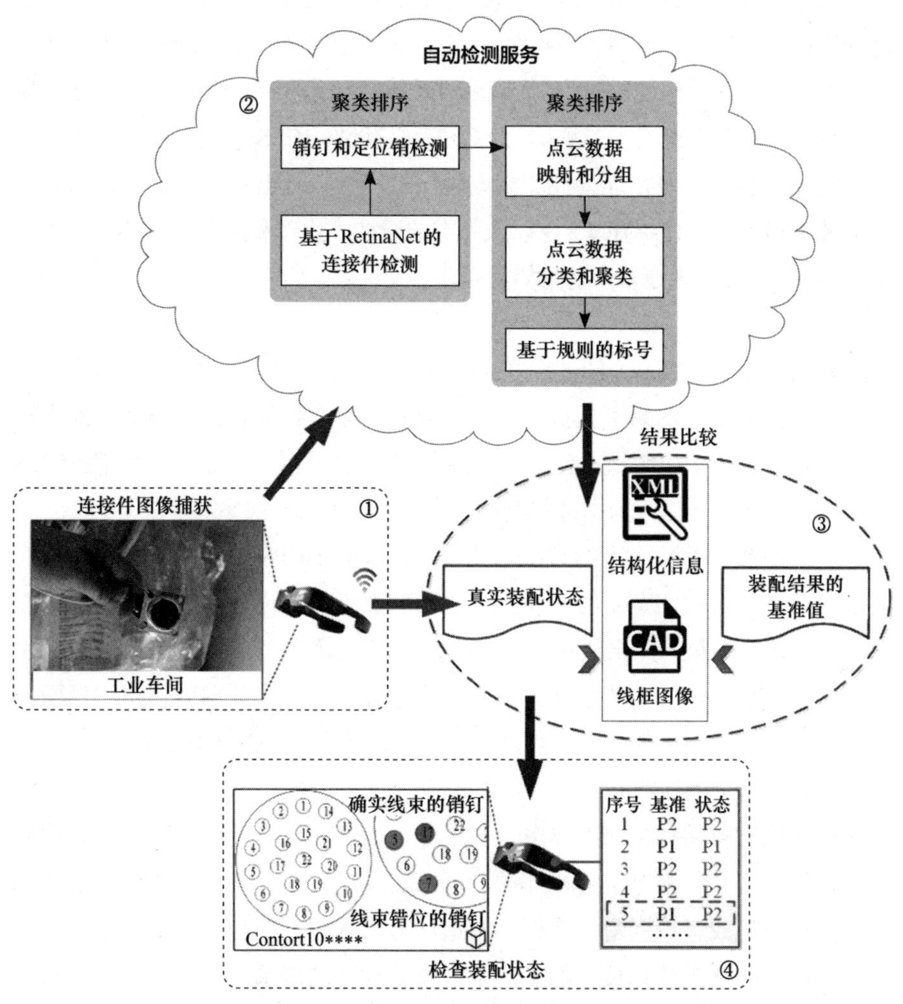

图 2-15　基于增强现实的自动检测系统

上述应用案例均涉及HCPS的使能技术（例如，2.4节中提到的传感和感知、人的数字孪生、X联网、扩展现实），以及HCPS的特征与特性（例如，2.5节中介绍的连接性和标准化、定制化和个性化、可持续性）。

2.7 总结

本章全面介绍HCPS的基础知识，包括定义、核心要素、分类、框架，为人本智造的设计、评估和实施提供理论基础并促进其发展。同时，详细分析领域级技术（如增材制造、可持续技术）、单元级技术（如用于感知人的传感器、人机学习、远程控制、人机交互）、系统级技术和系统之系统级技术（如云计算、系统数字孪生、X联网），并进一步介绍HCPS实现人本智造的十大核心特征与特性，包括连接性、集成性、适应性、社会化等。最后，结合其使能技术和应用，介绍HCPS在以人为本的设计、生产和服务中的典型应用。基于HCPS的人本智造未来前景如下所述。

- 人机融合（Humachine）。“Humachine”一词首次在1999年《麻省理工科技评论》的封面上被提出。目前其内涵已扩展到企业层面，探索在企业层面（如组织、公司等）将人与机器结合起来的可能性。在HCPS的背景下，以人为本进行发展对未来人机融合至关重要。
- 人的数字孪生。人的数字孪生是成功实施HCPS和人本智造的关键问题。人的数字孪生的研究和应用数量少于机器设备的数字孪生的研究和应用数量。如果从HCPS角度设计制造系统，人的数字孪生可能会引起更多关注。人的数字孪生应解决物理层面、生理层面和组织层面的问题。与此同时，人的物理双胞胎（Human Physical Twins）也是一个很有前景的话题。
- 面向直接协作的相互认知。现有的HCPS系统或人机交互大多是按照预先定义的指令进行操作的，远未实现机器自动化与人的认知之间的有效集成，特别是面临相似制造任务需求时。在前沿认知科学、扩展现实和认知计算技术的支持下，建立人与制造系统之间的相互认知系统，有助于实现直接协作，提高制造效率。
- 用于大规模认知定制化的Self-X功能。当今的智能制造系统缺乏足够的灵活自动化能力来实现大规模认知定制化。为了弥补这个差距，应该建立一个考虑“人在环路”的Self-X认知制造网络，以实现更高水平的自动化，包括自我配置、自我优化、自我调整、自适应、自修复等。

- 脑控机器人技术。脑控机器人技术将成为未来基于HCPS的制造核心要素。例如，在以人为本的装配场景下，脑电波可用于在嘈杂的工厂环境或操作员忙于其他任务的情境中控制机器人。信号处理、脑电波模式分类、深度学习是脑控机器人的关键技术。
- 基于元宇宙的制造。在Metaverse框架中，人们可以在基于模拟环境轻松移动虚拟物体，更安全、更高效地进行方案设计，而无须执行大量真实测试；使用CAD等软件，可以降低产品设计成本和构建难度；可以沉浸式方式进行协同设计、制造及知识共享；通过3D视图提高供应链流程的可见性，包括产品的构建、分配和销售方式，从而提高用户的透明度。
- X 5.0。近年来，工业5.0、社会5.0、操作员5.0被提出。在这些新概念和举措中，如果没有人或智能制造的参与，“X 4.0”“X 5.0”都是无法实现的。如果信息-物理系统被认为是X 4.0（如工业4.0、教育4.0）的操作系统或核心技术，那么对X 5.0（如工业5.0、操作员5.0、教育5.0和社会5.0）而言，人—信息—物理系统是理论基础，人本智造是其操作系统。

第3章
面向工业5.0的人的数字孪生①

3.1 引言

面向工业4.0的智能制造提倡通过减少运营损失、提高能源利用率和设备综合效率来增强制造公司的竞争力。用自动化机器代替操作员可能会降低车间作业的复杂性和不确定性，并在短期内解决技术工人短缺的问题。在快速工业化背景下，工业4.0侧重于过程自动化和过程效率的提高。然而，包括人的健康与安全在内的环境和社会指标并没有得到重视。以人为本的工业5.0旨在解决这个问题。一方面，充分发挥人的优势，即智力、创造力和容错能力，将人和系统的能力相结合，提高系统的灵活性、敏捷性和稳健性。另外，对工人的技能培训、技能提升和再培训也得到进一步发展，旨在提高个人的行业竞争力。另一方面，以人为本将人的核心需求和利益置于行业中心，它对工作环境提出要求——保护人的身体健康，同时尊重人的心理健康及工人福祉。众所周知，无论处于何种阶段，推动技术进步都不能以损害人的权益为代价。在人的价值、社会公平和可持续性的激励下，工业5.0强调为人类提供长远服务和具有弹性、可持续性的经济增长的重要性。以人为本将人置于生产环节的中心，关注健康、安全、自我价值的实现、个人成长等多层次人类需求，是构建弹性和可持续性社会的关键动力。

与自动化相比，人凭借创造力、灵巧性、认知能力和决策能力，在现代智能制造系统中发挥着不可替代的作用。工人可以与机器建立多种合作关系，从而在一系列制造任务（如检查、诊断、装配、维护、运输等）中，实

① 本章作者为王柏村、周慧颖、李兴宇、杨赓、郑湃等，发表于*Robotics and Computer-Integrated Manufacturing* 2024年第85卷，收录本书时有所修改。

现比纯手工操作和自动化操作更高的生产力。作为智能制造系统中实现以人为本的关键方法，人的数字孪生（Human Digital Twin）表征数字化人体模型，旨在发挥智能制造系统中人的优势，提高人的生产力，挖掘人的潜力，同时考虑人的身心健康。作为工业5.0的关键使能技术之一，人的数字孪生技术在人与各种技术之间建立了明确的联系，有望在未来的智能制造系统中更好地协调人和智能设备。通过对人进行实时感知、分析和状态反馈，人的数字孪生可以改善系统整体性能，并持续提高工人的个性化技能。人的数字孪生促使人的感知和认知能力与智能制造系统高度结合，助力构建复杂创新型工业系统。人的数字孪生不仅促进制造业的繁荣发展，也高度重视工人权益与福祉。

在工业5.0的背景下，人的数字孪生技术没有局限于追求成本效益或利润的最大化，而是凭借以人为本的技术支持，成为促进制造业各方面繁荣发展的重要动力。这个主题引起了不同领域的广泛关注。人的数字孪生相关研究的总结如表3-1所示。

表 3-1 人的数字孪生相关研究的总结

序 号	时 间	内 容
1	2017年	提出一种员工与生产系统之间沟通和协调的代表性方法，并讨论人在系统中的角色
2	2018年	介绍员工数字孪生的概念、方法和实验室条件下装配站的具体案例，并为员工角色开辟了新的可能性
3	2019年	讨论人的数字孪生的需求和价值，并介绍工业4.0环境下与其他单元的调度和通信过程的重要需求
4	2019年	诠释人的数字孪生的作用，以及它如何在人的整个人工智能空间（包括生活和工作条件）中调节人机对齐
5	2020年	引入人的数字孪生作为代理，可以实现自适应学习协作模式、预测与场景目标的偏差，以及提出支持协作的智能人机协作架构
6	2020年	提出一种方法框架，旨在评估制造生产场景中的人体工程学性能，从而支持改善工作条件的决策过程
7	2021年	构建用于人的全生命周期管理的人的数字孪生，并介绍相关概念模型、特征、架构和实现方法
8	2021年	提出一个以人为本的石油和天然气行业数字化转型框架，概述关键挑战、系统架构，并总结主要障碍
9	2021年	提出个性化数字孪生，并从伦理角度总结个性化数字孪生在认知能力和决策过程中的发展

续表

序号	时间	内容
10	2022年	提出一种人的数字孪生的三维架构，其中物理对象及其附属的数字孪生与人横跨生命周期进行协作，以集成整个价值链
11	2022年	提出人的数字孪生驱动的人—信息—物理系统架构，并介绍其框架、使能技术和多个领域的典型案例
12	2022年	分析人的数字孪生相关领域的通用结构、定义和案例，并列举发展人的数字孪生的挑战
13	2022年	回顾核心技术，建立构建人的数字孪生的典型组织框架，并介绍人的数字孪生在医疗保健、工业和日常生活中的应用

目前，人的数字孪生受到广泛关注，相关研究数量不断增加，但还存在尚未解决的重要研究问题。首先，由表3-1可知，人的数字孪生涵盖包括人为因素在内的多种因素，由于缺乏统一的定义，人的数字孪生容易与其他和人相关的系统混淆，因此，需要对人的数字孪生进行系统性分析，尤其是面向工业5.0的人的数字孪生的定义、架构、使能技术和应用。其次，现有人的数字孪生研究的应用部分仅限于生产周期的特定阶段，如装配、人机协同交互等。为了克服这个障碍，需要整理人的数字孪生在不同阶段的应用指南，了解如何在制造环境中全面发挥人的数字孪生的作用。最后，需要制定发展人的数字孪生的参考性框架和架构，以促进智能制造系统中对工人潜力的挖掘以保障其安全和福祉。

本章旨在对面向工业5.0的人的数字孪生技术进行全面梳理与展望，总结人的数字孪生的内涵，讨论其框架和架构，并分析人的数字孪生的使能技术和工业应用。本章的内容概括如下：3.2节介绍人的数字孪生的发展和概述；3.3节介绍人的数字孪生的框架和系统架构；3.4节和3.5节分别介绍人的数字孪生的使能技术和典型应用；3.6节介绍人的数字孪生的优势和挑战；3.7节总结本章内容。

3.2 人的数字孪生的发展和概述

3.2.1 人的数字孪生的发展

多样化表示使人的数字孪生的设计和实现跨越广泛的时间和应用维度。

人的数字化发展涉及人类数字化意识、人类数字化实现、人类数字化参与和人类数字化集成等范式，多种范式在工业应用中和谐共存，根据应用需求相互协作。按照时间顺序，人的数字化发展如图 3-1 所示。

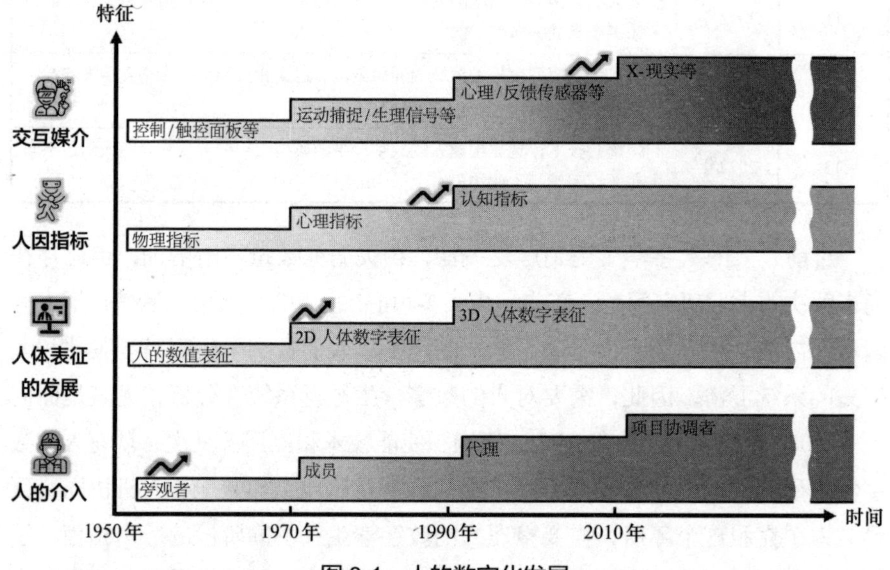

图 3-1 人的数字化发展

人的介入主要指人在系统中扮演了多种角色，包括旁观者、成员、代理、项目协调者等。旁观者指由于与系统元素的相关性而被迫纳入系统的人。成员彰显了人类的参与主体性，具有主动提供信息的能力。代理是指具有供给和需求能力的个体，具有发布命令来控制机器等能力。项目协调者是指主导系统的领导角色。

人体表征的发展反映物理系统和信息系统的交互，用于在数字虚拟世界中表征人类。由于早期缺少相关使能技术，因此人的数字化描述内容较为缺乏，只有人的操作时间和状态等参数可供测量。随着信息技术的发展，数字人模型逐渐用于数学建模和计算机图形可视化。此外，二维和三维可视化技术也得到广泛应用。

人因指标体现了人类操作员的各项特征，包括身体指标、心理指标和认知指标等。身体指标指在操作过程中与身体相关的特征，如姿势、工作负荷、工作效率等。同样，心理指标用于评估人类操作员的心理特征，如精神疲劳度、注意力等。认知指标描述影响人与系统交互的因素，如推理能力、记忆力和积极性等。研究表明，丰富详尽的人因指标有助于全面准确地描述人。

交互媒介指用于实现人、物理系统和信息系统之间交互的设备和软件。人机交互经历了多个发展阶段。早期的交互设备包括按钮、二极管和时钟指示器，用于获取人的直观命令和操作员意图，在计算机屏幕或触摸板上创建可视化图形扩展了人机交互的途径，动作捕捉和反馈传感设备丰富了获取操作员意图的媒介，混合现实技术使得人与虚拟世界的交互成为可能。

3.2.2 人的数字孪生的定义和特征

1. 人的数字孪生的定义及相关概念

人的数字孪生是涵盖多维度信息的人的数字化表征，用于实现物理世界与虚拟世界的双向交互。它包括人的模型和数据，利用物理模型、生理模型等数字化信息来描述特定对象。除人的个性和特征外，人的数字孪生还考虑人与其他资源（如机器、环境）的交互，包括个性模型、感知模型、认知模型、情感模型等，从而全面描绘人类。人的数字孪生的数字化、网络化和智能化解决了感知、通信、积累、挖掘、仿真和分析等需求。例如，进度预测、人体工程学评估和动态调度等任务。闭环反馈使人的数字孪生能够在动态工业环境中自适应且主动地实现自更新和自优化。人的数字孪生的发展反映了对工人从外到内的深入分析，身体特征和生理特征到虚拟世界的映射属于外在表征。随着信息挖掘与分析技术的发展，人的数字孪生的内在表征主要包括认知映射、智能增强、能力拓展等，旨在突破物理世界与虚拟世界之间的障碍。

为了深入理解人的数字孪生，下面对相似概念进行对比分析，如人体数字建模（Digital Human Modelling，DHM）、操作员4.0（Operator 4.0）、人体工程学4.0（Ergonomics 4.0）和HCPS，如表3-2所示。

- DHM用于在工业环境直观地展示人的因素，包括物理DHM和认知DHM。物理DHM包括生理相关DHM和运动相关DHM。它关注人实际身体结构的功能。认知DHM重点关注人的情感、语言和面部表情等因素。西门子Tecnomatix Jack、RAMSIS和DELMIA是DHM领域常用的商业软件，其中大多数软件用于基于规则的离线数据处理。

表 3-2 人的数字孪生的相似概念对比

概 念	定 义	特 征								
		级 别			实时性能		目 标		以人为本的方法	
		单元级	系统级	系统之系统级	离线	在线	重在生产	重在人类	技能提升	福祉
DHM	数学模型，图形可视化	√			√		√			
操作员 4.0	智能系统环绕，增强能力，对不同操作员具有包容性		√			√	√		√	
人体工程学4.0	人体工程学，实时评估和干预，人和其他元素的交互		√			√		√		√
HCPS	智慧工厂，以人为本，新一代制造			√		√	√	√	√	√

- 操作员4.0是指智能化和专业性强的操作员，旨在带领人回归生产车间这个工业中心，既保证制造过程的生产效率和质量，又提高操作员的福祉和工作满意度。它给予操作员充分的重视，通过系统层面的技术集成，提高人的身体、感知和认知能力，以塑造全面发展的智能操作员。操作员4.0旨在促进操作员与智能系统开展合作，将不同技能、能力、偏好和背景的工人都纳入考虑范围，为促进生产车间和其他领域的高效集成奠定基础。
- 人体工程学4.0旨在利用多学科理论来改善人的福祉和系统性能，并考虑人在需求、能力和限制等方面的差异性来维持系统平衡。人体工程学4.0研究人、物理机器和相关因素之间的交互作用，以实现人的实时评估和干预，以及生产系统的工作状态的测定。基于以人为本的理念，通过感知和人机交互以保障人的权益和福祉。
- HCPS是与智能工厂相关的基本概念，随着相关使能技术的快速发展，人、物理系统、信息系统的融合实现重要突破。HCPS揭示了人是制造系统的核心这个事实。除促进制造业的繁荣外，HCPS还重点关注工人需求，以及新一代制造业下操作员的未来发展。

2. 人的数字孪生的特征

人的数字孪生的研究对象侧重于人，数字孪生则主要关注非生命实体。人的数字孪生既能再现人的外在特征（如人的身体和生理特征），又能反映人的内在特质（如个性、情感、思维和技能）。人的数字孪生不仅包含人的个性化信息，还将人的虚拟表示、工业车间的可视化、生产过程的智能分析相结合。这种结合使非生物实体也在人的数字孪生中出现，使人的数字孪生和数字孪生具有相似性。这种相似性又体现在一系列共同特征上，如高保真度、动态性、可识别性、多尺度、多物理性、实时性、预测和决策的智能性等。本章重点关注人的数字孪生异于数字孪生的独特特征，以凸显工业5.0背景下对人的数字孪生的期望。

（1）社会表征。人的数字孪生是若干人的若干属性的集成模型。虽然单一代理系统在工业系统中很受欢迎，但多代理系统允许智能体之间连接和交互，能够促进整体优化。人的数字孪生的每位代理虽然特征各异，但均致力于在特定环境中实现共同价值。

（2）知识管理。人的数字孪生着眼于以人为本和以技术为导向两方面，将人的智能与多源智能相结合，以发挥各自优势。知识管理不仅包含单一代理系统的知识，也利用多代理系统的知识进行更新迭代。不同代理系统的连接可以实现资源共享并相互促进。

（3）以人为本的个性化。人的属性不同于物理系统的属性，但同样具有复杂性与多样性，包括以下几类：①物理特征，如人体测量学属性、生物力学属性及运动学属性；②生理特征，如脑电信号、血氧水平和心率；③感知能力，如视觉敏感度、压力敏感度和温度敏感度；④情绪状态，如快乐、抑郁和焦虑；⑤个性特征，如性格类型、信任倾向和怀疑倾向。

（4）评估指标的度量。在数字孪生和人的数字孪生的实施过程中，有必要评估系统在何种程度上满足个人、集体和生产的需求或目标。数字孪生通常重点关注以性能为中心的效益指标，旨在实现大规模生产并提高经济性。相反，以人为本的人的数字孪生则致力于通过尊重人类的角色、需求、能力和权利来改善人的福祉。具体而言，数字孪生的评估指标侧重于性能方面，如效率、生产率、有效性和盈利性。人的数字孪生扩展了评估指标的范围，涵盖了可用性、安全和健康等内容。

3.2.3　机器的数字孪生与人的数字孪生的关联和比较

机器的数字孪生和人的数字孪生从不同角度协调人和机器的利益和福

祉。显然，机器数字孪生更重视物理系统而不是人。众所周知，迈克尔 · 格里夫斯（Michael Grieves）在密歇根大学提出了与产品生命周期管理相关的数字孪生早期模型。美国航空航天局将数字孪生定义为“一个面向实际飞行器或系统的多物理场、多尺度、概率性的集成模拟，运用最佳的可用物理模型、传感器更新数据、机队历史等来模拟对应飞行孪生体的生命周期”。人的数字孪生也属于现实世界的数字复制品，基于物理系统和信息系统之间的准实时同步，实现人和周围环境的高保真表征。长此以往，人的数字孪生逐渐演变为一个宏大的概念，即随着以人为本的系统变化而不断更新的动态模型，旨在突出人的优势并促进人机关系的发展。

本书引入“成熟度”来区别数字孪生和人的数字孪生的特征的不同级别，如表3-3所示。高保真度、动态性、可识别性、多尺度、多物理性、映射的实时性、预测和决策的智能性是数字孪生和人的数字孪生的共同特征。保真度取决于输入参数、时间依赖性、行为和预测精度。低保真度在虚拟空间中以类似的形状、大小和外观的2D或3D模型来呈现物理对象，其中来自物理实体的静态数据无法支持结构化行为模拟。模型的计算逻辑和数据连接与静态数据保持一致，直到模型被重新构建和部署。高保真度可以高度精细化描述特征。除几何和结构外，还可以基于需求对更多特征进行建模，如动态行为信息。动态实时数据是保证高保真度的基础。数字孪生和人的数字孪生均可以在保真度和动态性方面表现出较高的成熟度。在映射的实时性方面，不同级别的映射在实时性和人的参与性上存在差异。低成熟度的实时映射依赖处理逻辑和人为干预来操作和管理来自物理实体的数据。高成熟度的实时映射保障模型更新是自主实时同步的，无须人工干预。多物理性和多尺度数字孪生诠释了若干系统的不同物理量在多个时间或距离尺度上的相互作用。尽管在特征上存在共同点，但每个系统都具有可供识别的专业化和差异化特征。

在应用方面，数字孪生和人的数字孪生的发展得到了多种技术的支持，如人工智能、数据采集、物联网等。工业5.0时代蓬勃发展的技术为数字孪生和人的数字孪生的构建做出了重要贡献。知识管理和知识工程预计将涉及更多人的因素。非知识管理是指一种系统不管理知识的方式。中成熟度的知识管理表明，相关知识能够间接地改变整个系统的运作方式，包括系统的创建、组织和共享。积极参与是知识管理高成熟度的一个重要特征，人的知识进入物理和虚拟活动循环运行，对系统产生直接影响。数字孪生和人的数字孪生的成熟度取决于人的参与程度。“尊重人的权利”从人的权利角度描绘了人的数字孪生，最糟糕的情况是人的权利被完全忽视。值得注意的是，数字孪生和人的数字孪生之间存在着明显的差距。数字孪生重点关注人与物理系统之间的交互，人的数字孪生将研究范围扩展到人的需求、价值和发展。同样地，“技能提升和再培训”使人的数字孪生能够帮助人们提高职业发展的竞争力。相反，数字孪生对人的重视程度较低，因此它无法填补技能提升和再培训的空白。随后，与人相关的系统提供了更为直观和人性化的技术，这些技术对人的技能要求相对较低。人的数字孪生不仅考虑纵向技能（如数字素养、人工智能、数据分析），还考虑横向技能（如创造力、创业能力和思维能力）。除人和物理系统外，人的数字孪生还重点关注环境方面的影响。中成熟度的“安全有益的环境”有助于保障身心健康。在此基础上，高成熟度进一步考虑未来发展。具体来说，以可持续性的方式尊重地球的边界至关重要。相比之下，数字孪生在以人为本、可持续性、弹性的角度上对环境关注较少。简而言之，数字孪生驱动的系统只考虑涉及人机交互的部分人类因素，对人类利益的重视程度不够。相比之下，人的数字孪生凭借其实时分析和仿真的能力，可以作为一种更可靠和有效的方法，在工业5.0中发挥更大的潜力。人的数字孪生旨在打造一个安全有益的工作环境，它能够尊重人权，并满足工人的技能要求，这驱使越来越多的组织开始转变传统的运营方式。

表3-3　数字孪生和人的数字孪生的特征

特　征	数字孪生	人的数字孪生	特　征	数字孪生	人的数字孪生
高保真度	★★★	★★★	映射的实时性	★★★	★★★
动态性	★★★	★★★	知识管理和知识工程	★★	★★★
可识别性	★★★	★★★	尊重人的权利	★★	★★★
多尺度	★★★	★★★	技能提升和再培训	★	★★★
多物理性	★★★	★★★	安全有益的环境	★	★★★

★是相关特征的成熟度，★代表低成熟度，★★代表中成熟度，★★★代表高成熟度。

3.3 人的数字孪生的框架和系统架构

3.3.1 人的数字孪生的框架和组成部分

人的数字孪生在虚拟世界中创造了代表人的智能数字孪生。现有关于人的数字孪生的研究允许“人”作为一个重要因素参与到整个框架中，但没有强调组成部分之间的相关性、描述的详细程度、以人为本的价值等因素。因此，本节提出了人的数字孪生的框架，如图 3-2 所示。

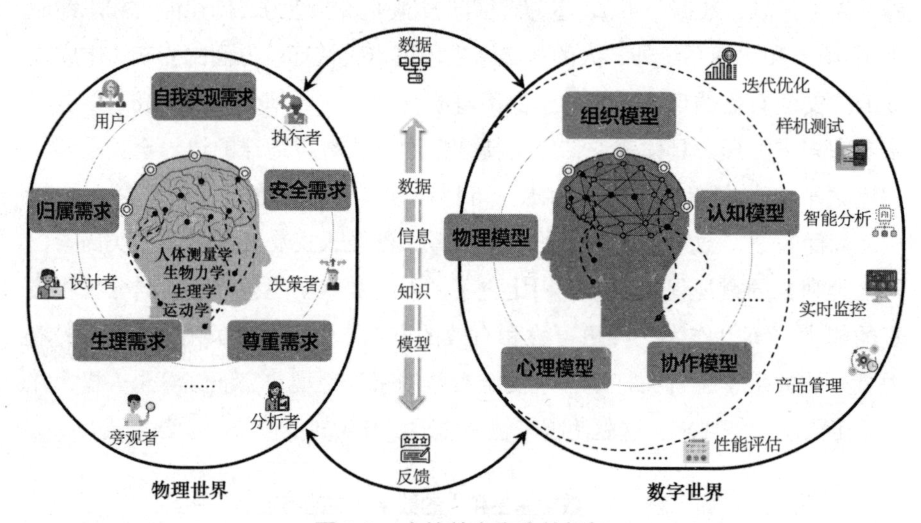

图 3-2 人的数字孪生的框架

人的数字孪生三维模型可表示为：

$$HDT = \{HE, VE, IS\}$$

在上式中，HE 为人的实体，VE 为虚拟实体，IS 为交互系统。下面分别对每个组成部分进行介绍。

1. 人的实体

人在人的数字孪生的发展过程中发挥着主导作用。人的数字孪生不仅再现了人的外在特征，如身体特征和生理特征，还再现了人的内在特质，如个性、情感、思想和技能。此外，人的数字孪生使得在虚拟空间中再现社会要素成为可能，如人的行为和交流。为了更好地理解人在人的数字孪生中所扮演的角色，有必要对工业中人的需求进行分类，以揭示更高层次的人的需求，并将模型与系统的需求相匹配。表3-4总结了人的角色和需求之间的相关性。

$$HE = \{HE_{designer}, HE_{observer}, HE_{analyst}, HE_{decider}, HE_{executor}, HE_{user}, ..., HE_{n}\}$$

$$\text{s.t. Human Needs} = \{HN_{PN}, HN_{SN}, HN_{BN}, HN_{EN}, HN_{SAN}, ..., HN_{n}\}$$

其中，$HE_{designer}$，$HE_{observer}$，$HE_{analyst}$，$HE_{decider}$，$HE_{executor}$，HE_{user}代表不同的角色，即设计者、旁观者、分析者、决策者、执行者、用户。HE_n是人的第n个角色，HN代表人的需求，HN_{PN}、HN_{SN}、HN_{BN}、HN_{EN}、HN_{SAN}是不同类型的需求，即生理需求、安全需求、归属需求、尊重需求、自我实现需求，HN_n是人的第n种需求。

表3-4 人的角色和需求之间的相关性

角色 需求	设计者	旁观者	分析者	决策者	执行者	用户
生理需求	主动感知	基于机器的感知和主动感知	基于AI的分析，以人为本的增强分析	基于AI的分析，以人为本的高水平决策	基于机器的执行，AI训练	与智能系统协同工作
安全需求	静态人体工程学	静态人体工程学	静态人体工程学	静态人体工程学	静态/动态人体工程学	静态/动态人体工程学
归属需求	人机交互	人机交互	人机交互	人机交互	人机协作	人机协作
尊重需求	降低任务的脑力需求	降低物理需求以创造更多工作机会	迎合人的偏好的混合智能	迎合工业场景人的特征和偏好的混合智能	借助技术（外骨骼等）扩展的能力	为了实现共同目标而与系统交互时获得尊重
自我实现需求	借助机器人实现自我学习	借助机器人实现自我学习并发挥个性化优势	基于与机器共同学习的自我学习	基于与机器共同探索的自我学习	通过与机器的双向交互寻求个性化	通过与机器协作实现目标

受马斯洛需求层次理论的启发，工业中人的需求模型也分为五个层次，结构如下。

- 生理需求：为了满足生存的生物性需求，人类首先学会制造和使用工具，如石器工具。

- 安全需求：该需求涉及对工业中的元素、安全、健康和制造资源的保护。安全需求旨在通过确保人的身心健康来保障人的合法权利。
- 归属需求：该需求包括社会需求、对人际关系的渴望，以及成为群体一部分的诉求。制造环境要求人和机器为实现共同目标而建立信赖关系。
- 尊重需求：该需求体现人对认可和尊重的态度。满足自尊需要并获得系统中其他参与者的尊重。
- 自我实现需求：该需求表明人对实现潜力和追求成长的倾向。这与工业5.0的目标一致。生产系统需要提供资源和环境，用于人的技能提升、再培训，并促进人和系统的双向学习和共同进化。

工业5.0为人的数字孪生提供了丰富资源，设想了人的数字孪生的多种功能。因此，不同功能对应人在满足工业发展需求中的不同角色。这些角色在系统中相互协作，通过构建各种社会、组织和系统来促进工业5.0。人的角色包括以下几种类型。

- 设计者：设计者在制造阶段之前规划产品的形式、结构等相关元素。在工业背景中，任何创造有形或无形物体、产品、图形、工艺、制造规则、工业服务或经验的人，都可以被称为设计者。
- 旁观者：作为基本角色，旁观者承担感知、表征、交互等任务。他利用人的身体和感知能力，通过获取系统参数或属性与物理系统进行交互。
- 分析者：与旁观者相比，分析者利用人的认知特征和个性特征进行分析、监测、解释和诊断。
- 决策者：决策者利用人在认知和创造力方面的优势，在与其他角色的协作过程中做出决策。人倾向于站在利益相关者的角度，表现出理性的行为，同时体现价值观等道德立场。
- 执行者：执行者在系统中按计划实施行动，其中的行动主要分为两种类型，即身体行动和认知行动。这些行动存在于人的数字孪生的三大支柱之间，并与其他角色进行交互。
- 用户：用户具有权利属性，在真实世界中获得利益。人的数字孪生需要获得用户的反馈来优化和迭代整个系统。

2. 虚拟实体

虚拟实体以人为本，精确复刻人的实体。它涵盖大量关于人的实体的数据和信息，包括多种表征，如拟人化表征、物化表征和规则表征。虚拟实体旨在提供交互全过程多种特征的简化表示。虚拟实体模型如下：

$$VE = \{VE_{AR}, VE_{MR}, VE_{RR}, \ldots, VE_n\}$$

$$\text{s.t. } HPR = \{HPR_{coexistence}, HPR_{interaction}, HPR_{cooperation}, HPR_{collaboration}, \ldots, HPR_n\}$$

其中，VE_{AR}、VE_{MR}、VE_{RR}是虚拟实体的表征，即拟人化表征、物化表征、规则表征。VE_n是第n种表征。HPR是人与物理系统之间的关系，包括$HPR_{coexistence}$（人机共存）、$HPR_{interaction}$（人机交互）、$HPR_{cooperation}$（人机合作）、$HPR_{collaboration}$（人机协作）。HPR_n是人与物理系统之间的第n种潜在关系。

在表征维度中，拟人化表征包含再现人的属性和特征的模型，如物理模型和心理模型。物化表征反映与人的实体相关的物理系统或环境的几何形状、属性和行为。标准模型包括几何模型、物理模型和行为模型。规则表征负责为人的数字孪生提供认知和逻辑能力，如推理、判断、评估、决策、优化和策略更新。

根据人机合作关系，所有虚拟组件都是在人与机器交互的环境中构建的。具体来说，人的数字孪生描述人与各种物理系统之间的多种交互作用。人的实体的迭代促进整个虚拟实体平台的发展。共存、交互、合作和协作是指人作为相应的角色，即参与者、交互者、合作者、协作者和用户，通过各种交互作用来描述各种交互行为。在人机共存中，参与者专注于自己的职责，包括感知、控制和与其他物理系统的通信等。交互者存在于人机交互的初级阶段。合作者和协作者由于具有更为复杂的功能而属于更高级别的交互。用户是产品或服务的最终使用者。每当物理世界中的人或物体发生变化，虚拟实体都会基于动态模型、更新后的数据和元数据、智能计算和分析来映射这些变化。交互特征体现在所构建和更新的机制和规则。

3. 交互系统

交互系统由人的实体与虚拟实体之间相互关联的数据、服务和对象组成。虚拟实体模型可表示如下：

$$IS = \{IS_{Data}, IS_{service}, IS_{physical}, \ldots, IS_n\}$$

其中，IS_{Data}、$IS_{service}$和$IS_{physical}$是交互系统的主要组成部分，即数据、服务和物理对象。IS_n是交互系统的第n个组成部分。

数据和服务依赖包含流动数据的硬件平台。在人的数字孪生中，与人的实体、虚拟实体、服务和物理对象相关的物理数据、处理后的数据、虚拟数据和使用的数据集成为统一的数据模型。同时，各种算法、处理方法和数据模型部署于硬件平台，执行采集、传输、存储等与数据处理相关的多项任务。服务包括服务封装、服务匹配与搜索、服务质量建模与评估、服务优化与集成、容错管理等。服务层由多个服务模型和服务管理模型组成。服务的目标是满足以人为本的服务需求并提供多种访问接口，如仿真、验证、监控、优化、管理等。

同样地，物理对象是构建人的数字孪生的基本单位之一。作为一种可视化物理载体，物理对象包括与人的实体直接或间接交互的物理系统，如制造机器和微型生物传感器。物理对象承担了人的实体与虚拟实体之间交互媒介的作用，以实现人的数字孪生在HCPS中的价值。物理对象分为主导性对象和辅助性对象。主导性对象指参与产品生命周期的工业机器和制造产品。由于整个产品生命周期具有复杂性和交互多样性，因此人的数字孪生涉及众多物理对象，它们责任各异。例如，工业机器专注于制造加工，产品只需关注生产过程。支持性对象指物理对象或环境的附加对象，如制造过程中的智能传感器。它们并不直接参与产品生命周期，而旨在观察相关属性和状态。支持性对象的功能包括数据采集、传输、处理和反馈。在人的数字孪生中，人通过将大部分任务委托给物理系统来发挥自身优势。因此，为迈向工业5.0，物理对象致力于协同新技术，以协助人完成任务。

3.3.2 系统架构

本节提出一个四层模型来描述人的数字孪生的功能，如图3-3所示。下面对该架构进行具体讲解。

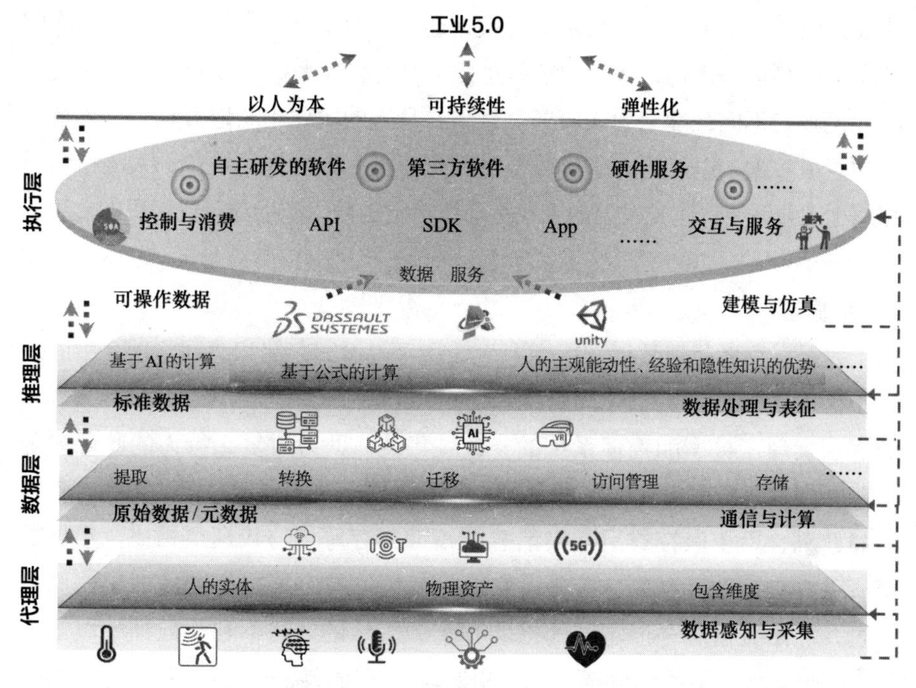

图3-3 人的数字孪生的系统架构

1. 代理层

作为人的数字孪生系统架构的基础，代理层由人的实体、物理资产及其包含要素（如人、机器、材料、规则和环境）组成。制造系统中各部分是离散的，物联网技术促进了系统内部的连接。物联网技术从物理实体及其衍生物收集数据，并使用标准数据格式实现准实时通信。以人为本的需求驱动系统将可穿戴设备嵌入代理层。以人为本的可穿戴设备通过运用人因、人体工程学等方面的知识和技术，在使用阶段考虑个人、社会、文化和环境等多方面因素。在工业5.0的背景下，存在将可穿戴设备嵌入与物理系统交互过程的应用需求，以提高人的反馈数据的有效性。同时，基于多种传感器，代理层以保障人的基本权利为宗旨，为人提供安全有益的环境。同样，物理系统的参数也由相关传感器进行采集，包括设备属性、状态、过程、故障和干扰在内的多源异构数据被发送到下一层。此外，来自信息系统的反馈指令需要相关物理系统及时做出反应。代理层中工作者的附属设备主要包括用于获取人重要生理、心理参数的可穿戴传感器。在人的数字孪生中，网关是连接代理层和其他层的标准选项。作为中间件，网关负责将机器协议转换为标准通信协议，以便在整个系统架构中进行数据通信，而不改变上层内容。人是人的数字孪生的核心角色，代理层的多个组成部分均依赖人的实体。具体来说，物理设备在不同维度上为人服务。例如，从人的实体中获取数据，从人机交互中生成数据，以及为人的实体提供数据服务。在制造环境中，人的角色贯穿整个工业网络。蓬勃发展的工业活动以丰富的数据源推动了代理层的发展。

2. 数据层

数据层负责利用数据进行提取、转换、传输、存储和访问管理。中间件位于代理层和数据层之间，用于管理来自人和物理系统的数据。具体来说，数据层实现了模型和物理系统的一致性集成，助力对复杂行为的验证和确认。例如，运行在各种传输协议上的网络协议提供了多项有用的功能，包括消息队列、用于保存最后交换消息的短期内存等。与代理层相比，数据层负责处理数据和元数据。首先，它从代理层的特定接口提取代理层的原始数据。原始数据总是以不同的格式和来源表示的，这不利于数据的整体管理。数据转换包括数据检索、解码和处理，有利于统一原始数据。除原始分析步骤外，数据层还涉及数据存储。大量的数据为广泛的应用提供了更多可能性，如发现秘密或隐藏的模式，并创建新的假设来针对更大的数字孪生模型进行测试。因此，数据持久化方法对整个系统的性能有积极影响。拥有海量数据的组织应该避免数据管理混乱，并升级数据管理与处理的过程，以便更有效地服务下游分析和应用。虽然将人的实体视为最终的服务对象，但多源异构、多尺度、多源、高噪声数据均有所涉及。数据层特别考虑了知识管理。作为重要特征之一，知识管理提供知识，以促进人的创新和进步，同时使组织、过程及产品更具可持续性。利用从代理层获取的数据，数据层负责知识的创建、存储和共享。此外，数据层还有利于人的技能提升和再培训。与此同时，访问管理是指限制不同级别用户的访问权限，以保持数据的适当机密性，这对人的数字孪生尤为重要。

3. 推理层

基于数据层的标准化处理，推理层承担处理、计算、模拟、预测、推理和决策等任务。即插即用的推理服务包括数据处理、监控、行为分析和决策等模块，被视为一种良好方式。随着难度的增加，推理层使用现有或自生成的理论和公式进行计算，使用基于跨时间序列数据的AI模型进行预测，基于计算结果和预测结果进行推理任务。多种任务增强了推理层的功能和有效性。模块根据各自功能而具有不同的性质。例如，决策模块通过人的数字孪生识别和完成决策以干预物理世界或虚拟世界，行为模块用于预测和模拟人的数字孪生的演化，AI模块用于表征人和物理系统。分析者和决策者必须能够应对和集成新技术，在引入颠覆性和创新性技术的同时进行持续改进。此外，当使用推理模块对人进行建模时，考虑相关的伦理和可解释的问题也是至关重要的。推理层为人提供了与推理结果和底层配置进行交互的接口，以便获得真实值、适当的配置及选择相应的模型。推理层不仅处理来自物理系统的常规知识，还处理与人相关的隐性知识。此外，它保证系统中与人相关的知识的可用性和信息的机密性。与数字孪生相比，人的数字孪生更重视人的自主性、创造力和责任感，使人的认知和行为作为整个系统的关键内涵。由于人具有主观能动性、经验和隐性知识方面的优势，因此人理所当然地成为推理层的中心角色。

4. 执行层

执行层将推理数据分类到特定的服务模块中，为用户提供相应服务。执行层的目的是通过数据分析来确定特定服务功能与所需输入数据之间的匹配关系。通信接口是通用的，常见的实现格式包括自主开发的软件、第三方软件和硬件服务。基于多个接口，执行层允许通过追求特定目标以不同的表现形式（例如，对物理系统的控制、人的数字孪生的监控、诊断和预测）来展示服务。因此，执行者和用户可以采用策略来实现共同的目标，从而共同获益。执行层建立了人和物理系统的最佳组合，以实现长期合作。人可以通过参与到整个系统中来满足社会需求并实现自身价值。同时，在执行层建立的网络系统可以促进物理系统和人的协作。此外，实现更高层次的人的数字孪生需要克服可持续性和弹性方面的挑战。这意味着结构和信息流必须支持闭环方法，可能需要用户提供有效的反馈来进行优化和迭代。人的数字孪生试图将人的交互、个人权利和文化价值纳入执行层的设计。执行层能够针对用户的使用、利益和风险做出明智的设计决策。它与数字孪生中的通用设计截然不同。这种设计理念考虑了个体特征、交互对象和环境。日益智能化的执行层解决了人力资源和创造力问题，使人从中受益。产品功能分析、性能预测、测试、人体工程学分析、生产布局规划、设备状态预测、工艺实施分析、工厂运行优化、产品维护预测是执行层的常见功能。

3.4 人的数字孪生的使能技术

3.4.1 数据感知与采集

数据是实现人的数字孪生的基础，其包含用于创建高保真模型的人的信息。先进的传感器技术为人和物理系统的感知能力提供技术支持。人的属性可以通过与人相关和与交互相关的数据来反映。与人相关的数据主要以数字和视觉的形式描绘人的特征，而与交互相关的数据则反映了人在与外界交互过程中存在的属性。

根据信息类型的不同，从代理层获取的传感数据主要可以分为物理、生理、心理、认知和组织五个类别，如表3-5所示。

表 3-5 来自人的数字孪生的感知数据

数据类别			数据格式 / 内容	设备 / 方法
与人相关	物理	人体测量学	站立身高、肩膀高度、肩膀宽度、髋宽等	Kinect相机、3D光学扫描
		生物力学	触觉、振动等	触觉传感器、加速度计
		动作	关节角度、手势、肌肉骨骼数据、位置坐标等	惯性测量单元、RGB、深度和热成像相机、超声波传感器
		直观感觉	评分等	Borg RPE量表、Borg CR10量表
	生理	—	脑电图、瞳孔直径、身体温度、肌电图、呼吸频率、心电图、皮肤电导率等	非侵入式生物传感器
	心理	挫败、信任等	评分等	问卷
	认知	精神负荷	主观表达、评分等	NASA-TLX量表、问卷调查、访谈
与交互相关	组织	工人绩效测量	生产时间、效率、工人利用率、错误率、反应时间、人体工程学风险等	标准北欧问卷
		工人信息	编号、角色、技能水平、设备操作许可、当前工作模式、人员配备水平、灵活性水平、个人学习速率	来自管理机构的评价

1. 物理数据

物理数据涉及人的物理特征，如人体特征、运动状况等。人体测量学数据、生物力学数据、人体运动数据及人对物理状况的直观感觉都属于物理数据。人体测量学数据用于在虚拟空间中创建人体模型，如站高、肩高、肩宽、臀宽。视频/图像运动捕捉和身体扫描系统可以收集相关的人体特征。物理数据有助于在虚拟空间中创建逼真的人体模型，并作为个性化信息来支持与用户相关的生产设计。生物力学数据（如触觉信号和振动信号）蕴含多种信息。触觉信号涵盖物理交互过程中的直观信息及包含丰富个人属性的信息，适合表达人的意图。Cirillo等人提出一种新型触觉传感器，用于识别不同的触觉手势并向机器人发送特定指令。工业中产生的振动会对人产生舒适性和健康等方面的影响。加速度计是测量振动的有效工具。人体运动数据反映了运动学的位置信息，可用于预测操作员的行为，指导机器人与人协作而不发生碰撞，以确保安全并提升工作效率。常用数据包括关节角度、手势、肌肉骨骼数据、位置坐标等。惯性测量单元（Inertial Measurement Unit，IMU）可被用于估计固定参考系下的肢体方向。此外，视觉系统也广泛用于运动检测，如RGB、深度和热成像相机。它可以估计三维人体姿态，并计算关节角度，以实现全身运动学评估。具有捕捉深度信息能力的摄像机，如Kinect相机，可以测量操作员与机器人之间的距离，以提取操作员相对于机械手的位置信息。此外，其他传感器也可以检测位置信息，如超声波传感器和电容式传感器。人具有作为传感器的能力，因为他们可以直接反映自身身体感觉，如体力消耗、疲劳等。诸如Borg RPE和Borg CR10量表等评分方法对于收集有关体力消耗的主观数据非常有效。

2. 生理数据

生理数据能够监测人的精神和身体状态，如脑电图（EEG）、瞳孔直径、身体温度、肌电图（EMG）、呼吸频率、心电图（ECG）和皮肤电导率。各种非侵入式生物传感器可用于测量生理数据。无线EEG采集帽可以采集人脑信号以进行疲劳检测。此外，生理信号可以与关节角度等其他信息相结合来计算心理和身体负荷。

3. 心理数据和认知数据

心理数据和认知数据描述一个人对外部环境的主观体验，因此，它们大多是通过主观获取的。问卷调查和访谈是收集这些数据的有效方法。

与交互相关的数据在人与系统的交互过程中产生，并被视为工人绩效测量数据和工人信息数据。与工人绩效测量相关的数据，如生产时间、效率、工人利用率、错误率、反应时间等，反映了工人的工作质量和工作状态。工人信息数据是对工作能力或绩效的数字描述，包括编号、角色、技能水平、设备操作许可、当前工作模式、人员配备水平、灵活性水平、个人学习速率等。

3.4.2 通信与计算

人的数字孪生驱动的系统会产生大量的实时数据，如传感器采集的位置和速度数据，以及虚拟模型生成的数据。这些数据通过通信网络实时传输到网络空间进行进一步分析。物理空间与网络空间之间的实时双向通信保证了状态的同步。通信与计算是建立人的数字孪生的关键技术，用于通信与计算的使能技术如表3-6所示。

表 3-6 用于通信与计算的使能技术

技 术	描 述	在人的数字孪生方面的功能
物联网（IoT）	代指由众多互联事物组成的信息网络，包括传感器、执行器、控制器、操作员等	能够有效实现整个制造企业的数字化集成
工业物联网（IIoT）	代指工业应用中的传统物联网	将人的因素融入赛博空间的不同范式
社会物联网（SIoT）	根据人和常见任务的关系对基于互联网连接的设备进行建模	—
服务互联网（IoS）	使用互联网作为提供和销售服务的媒介	—
人际互联网（IoP）	将人不仅视为数据源，还视为网络结构的一部分，用于网络管理服务	—
万物互联网（IoA）	不仅包括传统的物联网，还将人作为基本要素	—
万物互联（IoE）	将人、数据、流程和实体连接起来，以增强业务沟通并促进各个社区之间的就业、福祉、教育和医疗保健	—
边缘计算	代指在设备端发生的计算，不会传输到云端	提供计算和存储资源

续表

技　术	描　述	在人的数字孪生方面的功能
云计算	为用户提供计算资源和服务	—
无线传感器网络	通过大量传感器来收集数据，用于处理、分析和传输信息	确保人的数字孪生系统中数据采集和传输的安全
第五代移动通信技术（5G）	具有高带宽、高速率、低时延、高可靠性的特点，适合工业环境下的海量节点的连接	实现人的数字孪生系统各模块之间的双向无线通信。它是高保真仿真、实时交互、控制和其他人的数字孪生功能的基础
第六代移动通信技术（6G）	表现出更大的异构性，并提供超高带宽、流量、可靠性和超低延迟。它还考虑能源管理以实现可持续性	—
Wi-Fi	是一种用于设备局域网和互联网接入的无线网络技术	—
蓝牙	是一种无线技术标准，用于固定设备和移动设备之间短距离的数据交换	—

1. X联网

物联网是由众多能够感知、收集和交换动态数据的物体组成的“互联网”。类似地，还有工业物联网（IIoT）、社会物联网（SIoT）、服务互联网（IoS）、人际互联网（IoP）、万物互联网（IoA）、万物互联（IoE），以及其他统一为X联网（IoX）的概念，有助于将人与其他真实或虚拟实体连接起来。在人的数字孪生中，位于工具或工人身体上的传感器可用于确定与人相关的资源数据，支持更快的人力资源决策和服务供应。此外，由于各种智能体之间自主交互，因此工人的调度和分配能以“实时”或“近实时”的方式实现。近年来，通过将人与传统物联网相结合，提出了万物互联的概念。这种模式将人的行为、欲望和情感视为物联网的一部分。人对系统控制回路的参数有直接的影响，甚至可以驱动系统。与其他智能设备一样，每个人都被视为具有数据采集、通信、状态推断、处理和驱动能力的节点。诸如智能手机、谷歌眼镜、iPod、智能手表等设备，可以使人更好地融入网络系统。

2. 边缘计算和云计算

人的数字孪生的通信系统应满足实时性、低时延和网络安全性的要求。此外，网络需要适应不断增加的连接和动态变化的需求。边缘计算指在靠近数据源进行的计算。使用嵌入AI的边缘服务器，信号能够在本地得到处理，可以显著减少受距离和网络负载影响的传输时间。云计算提供计算资源并向用户提供云端服务。基于边缘或云的人的数字孪生通信架构能够以可扩展的方式涵盖许多节点，如工业物联网设备、协作机器人（Cobot）、工业增强现实（AR）/混合现实（MR）/虚拟现实（VR）设备、人机界面（HMI）、嵌入式系统和具有执行各种计算任务能力的传感器。

3. 无线通信技术

无线网络在实时处理多种连接设备和数据方面具有优势。第五代移动通信技术（5G）、第六代移动通信技术（6G）、Wi-Fi、蓝牙等均为促进人机协作（HRC）的关键先进通信技术。Chen等人使用带有内置Wi-Fi模块的摄像头进行视频读取和无线传输。无线网络中计算节点越多，计算时间越短，系统响应速度越快。通过在无线网络中使用多个传感器，Sparrow等人提出了一种装配操作的网络物理系统，并将计算分布在各个节点之间。这个措施显著减少检测时间，从而实现安全操作的快速避碰策略。

3.4.3 数据处理与表征

数据是构建人的数字孪生系统的基础。代理层提供的各种数据蕴含重要信息。通过处理这些数据，人的数字孪生系统可以执行优化、测试、分析、监测、管理、评估等各种功能。从数据中提取信息的方法有很多，包括基于人工智能和非基于人工智能的方法。本节不详细介绍后者，因为它们涵盖包括常微分方程（ODE）、距离计算算法、状态空间模型在内的广泛方法。本节将重点介绍数据预处理技术和基于人工智能算法。

1. 数据预处理技术

数据预处理的主要目的是将从人和物理系统中采集的原始数据转换成有用的信息，以供进一步处理。数据经过仔细处理，去除冗余、无关、重复和不一致的部分。数据预处理技术包括数据过滤（如卡尔曼滤波器、巴特沃斯滤波器等）、数据分割（如滑动窗口等）、特征降维（如主成分分析法、变分自编码器等）、数据增强（如改变节奏和响度、添加噪声、信号卷积计算、缩放、填充、翻转等)、数据标准化(如最小—最大归一化、Z分数归一化、等长收缩等)等。表3-7列出了几种常见的数据预处理技术及其在人的数字孪生系统中的应用。

表 3-7　常见的数据预处理方法及其应用

处理方法	功　能	算法 / 方法	应　用
数据过滤	从原始数据中删除不必要的部分	卡尔曼滤波器、巴特沃斯滤波器等	用于预处理脑电信号，删除50Hz和60Hz的频段，滤除噪声
数据分割	划分长周期信号以供后续使用	滑动窗口等	使用滑动窗口方法处理脑电图
特征降维	将数据映射或嵌入较低维度空间，同时保留尽可能多的信息	主成分分析法、变分自编码器等	通过变分自编码器嵌入肌电信号的主要特征，有效简化分类训练
数据增强	扩大训练数据量	改变节奏和响度、添加噪声、信号卷积计算、缩放、填充、翻转等	在语音数据集上使用数据增强来进行HRC中的情感识别
			在EMG信号数据集上进行七种数据增强操作，用于HRC中的对象识别
数据标准化	消除不同数据单位的影响，便于综合评价	最小—最大归一化、Z分数归一化、等长收缩等	通过信号归一化提高肌电图信号的可比性

2. 基于人工智能的算法

人工智能通过改变产品的设计、制造和维护方式，使人的数字孪生具有强大的能力。这些技术的结合为日益复杂和相互连接的世界提供支撑。表3-8总结了不同的人工智能算法。

机器学习(Machine Learning，ML)是一种人工智能算法，通过寻找所采集数据的特定模式，实现分析、预测、优化、学习、决策、检测、识别等功能。人的数字孪生中常用的典型ML方法包括支持向量机(SVM)、K近邻(KNN)、决策树、K-means、随机森林、马尔可夫模型、贝叶斯网络等。机器学习并非将知识编码到计算机中，而是试图从示例和观察中自动学习有意义的关系和模式，从而赋予系统类似人类的认知能力。

深度学习(DL)是机器学习的一部分，以具有表征学习能力的人工神经网络(ANN)为基础。考虑到处理高维大容量数据及学习高级表征的能力，深度学习可以成为处理多源与人相关数据的强大而有效的解决方案，因此它比浅层ML算法性能更好。Buerkle等人利用长短期记忆—循环神经网络（Long-Short-Term Memory-Recurrent Neural Network，LSTM-RNN）处理脑电图信号，用于识别和分类人体运动意图。Wang等人通过深度卷积神经网络（Deep Convolutional Neural Network，DCNN）分析视频图像，以准确推断汽车发动机装配任务中操作员的意图。

表 3-8 不同的人工智能算法

处理方法	功　能	算法 / 方法	应　用
机器学习	分析、预测、测试、规划、优化、学习、决策、检测、分辨、识别、分类、监控、推理等	SVM、KNN、决策树、K-means、随机森林、马尔可夫模型、贝叶斯网络等	以几乎实时的方式推断人机信任水平
深度学习		LSTM-RNN 等	识别人的运动意图并对其进行分类
		DCNN 等	持续分析人的运动并预测未来的人机协作需求
强化学习		DDPG 等	优化装配任务的顺序分配方案
		DQN 等	通过在协作装配任务中实施DRL来做出决策
		DDQN 等	检测危险行为模式并预测工人的注意力、疲劳度和分心程度

强化学习（RL）关注的是通过智能体与环境的长期交互，使用试错法学习序列决策问题的最优策略。通常，强化学习由状态空间、动作空间、从状态空间映射到动作空间的策略、状态转移概率和奖励函数等几个关键部分组成。研究人员已经将深度Q-Network（DQN）、Double DQN（DDQN）、深度强化学习（DRL）和深度确定性策略梯度（DDPG）等强化学习算法应用于装配任务、人机协作和其他人的数字孪生场景。

结合深度神经网络的学习能力，DRL算法在人机协作、装配辅助等人的数字孪生应用中处理人的不确定性方面具有优势。DRL使机器人能够根据人类表现的变化主动调整行为。Liu等人还提出了一种DRL方法，实现工业机器人实时无碰撞运动规划，并具有自主学习策略，可降低人机协作期间的累积风险并保证任务完成时间。DRL还可以用于提高制造过程的效率，如优化装配任务的顺序和平衡作业分配。Zhang等人提出了另一种DRL方法来优化装配过程中的任务的顺序分配方案，它取代了人类的决策，减少了管理者的工作量，并避免了不合理的排序。

3.4.4 建模与仿真

建模与仿真（MS）是人的数字孪生的核心技术。模型是物理实体和人类工作者的数字形式，可以反映所对应的物理实体的属性、行为和内在规则。仿真是基于数字模型的操作模拟，能在一定程度上代表真实系统的行为。人的数字孪生集成不同类型的模型与数据。真实系统的完整定义涉及相关的同构模型和异构模型。不同子模型之间的数据流、同步和协调机制等细节都在考虑范围内。人的数字孪生系统架构的数据层承担着多模型集成的任务，包括同构数据和异构数据的传输、处理、交换等。数据层通过相应的接口实现各种模型之间的信息交换和提取，以及不同子模型之间的数据流、同步和协调机制等细节。通过编程、构建仿真平台和其他技术工具，可以实现多模型的集成。不同模型的属性和数据根据既定的映射规则进行传输和提取。从应用的角度来看，这些模型主要分为物理模型、心理模型、认知模型和交互模型。每个模型都具备特定的功能，并可以使用原始数据或其他模型的输出作为输入。结合不同的模型，系统可以实现人体工程学评估、任务分配和运动规划等复杂功能，如表3-9所示。

表 3-9 人的数字孪生系统中的不同模型

模型类别		目　标	方法 / 算法
物理模型	人体物理模型	赛博空间的人体表示	变形网格技术、点云、D-H模型等
	动作模型 动作检测 动作识别 动作预测 动作优化	动作重构	基于优化的方法、CNN、SVM等
			凸包算法、距离计算算法等
			DL等
			DL、隐半马尔可夫模型、高斯混合模型、RNN等
			常微分方程等
	物理人体工程学模型	物理疲劳评估	RL、RULA、REBA、OWAS、NIOSH、ORCA、WERA等
心理模型	情绪模型	对操作员的情绪状态进行监视和预测	HMM，DL等
	心理负荷模型	心理负荷评估	离散事件模拟等
认知模型	意图模型	人的意图预测	状态空间模型等
	决策模型	人的决策预测	马尔可夫模型等

续表

模型类别		目　　标	方法 / 算法
交互模型	管理模型	布局设计	基于多目标优化的仿真、遗传算法等
		任务分配	DL 等
	信任模型	信任水平评估	动态贝叶斯网络等

1. 物理模型

（1）人体物理模型。

人体物理模型是根据人体的几何、运动和动态特征在虚拟空间中创建的人的数字表征。它通常是其他模型构建和仿真操作的基础。

几何模型在虚拟世界中表示人体特征。精确的人体形状可支持运动检测、行为规划、流程验证等。通常，人体模型可以在虚拟空间中通过人体测量学参数直接创建，也可以先在外部世界中测量，再映射到虚拟空间中。人体建模软件（如西门子 Tecnomatix Jack、SAMMIE、RAMSIS、DELMIA、SANTOS）可根据人体测量学数据为用户构建虚拟人体。此外，点云技术在人体映射方面发挥着至关重要的作用。

在运动学方面，关节适用于表示完整的人体运动。D-H 模型精确且形式化地定义了关节之间的关系，被广泛应用于人体运动学模型。通过关节数据，可以在虚拟空间中使用 D-H 模型生成人体运动。Younis 等人提取了肩关节的偏航、俯仰及肘关节的滚转数据，之后将其导入运动学模拟器来生成人体行为。在文献中，利用头部、肘部和腕部的三维坐标和欧拉角来模拟数字人体模型。然而，仅有基于刚体的数字人体物理模型很难准确反映真实的人体行为。人体动力学模型大多侧重于计算关节的力和力矩，并将计算结果用于人体工程学风险评估。

（2）动作模型。

动作模型描述人在人的数字孪生背景下的行为（运动与姿势）。这类模型主要关注动作重建、检测、预测和优化。人体动作是根据传感器采集的数据（如 IMU 获取的关节数据）进行估计的。Maruyama 等人提出了一种基于视觉的方法来重建工人的全身运动，该方法采用优化算法，以采集的三维标记位置数据与人体虚拟模型上预定义点之间的欧氏距离最小化为目标，使得人的数字孪生能够准确反映工人的实际动作。由于工厂中的复杂地形和人机协作期间的近距离接触，需要使用动作检测算法来测量虚拟人体与虚拟空间中其他物体之间的距离，以确保工人的安全。此外，快速凸包算法通过处理深度数据可以生成代表人的凸包，可用来评估碰撞风险。动作识别模型可以通过检测不同的姿势来表达人的状态和意图，从而扩大交互方法的范围。在动作分类方法方面，Falcari等人利用无线臂带传感器获取肌电图信号，并采用基于SVM的多类别分类策略来识别六种手部姿势。Ciccarelli等人展示了一种基于卷积神经网络的方法，可直接识别工作场所中的人体动作是否符合人体工程学。动作预测模型通过学习人的行为模式，根据当前动作预测未来动作。DL算法在这类问题上表现出卓越的性能。通过优化人体动作，人可以更舒适、更安全地完成特定任务。最近，快速发展的人体跟踪技术为运动优化提供了有效工具。为了在操作过程中找到符合人体工程学的正确姿势，出现了许多优化方法。Makrini等人通过求解人体骨骼模型的常微分方程，得到了优化后的人体姿势的关节角度。Busch等人提出了一个包括安全性、可接受性和任务约束的运动优化框架，该方法可在交互过程中找到最佳身体姿势。

（3）物理人体工程学模型。

物理人体工程学关注人在协作活动中的解剖学、形态学、生理及生物力学特征。物理人体工程学模型旨在改善人类福祉，是测量身体负荷、损伤及其他人体工程学风险的有效手段。不良的物理人体工程学可能会导致工人罹患肌肉骨骼疾病，并因工人的病假和生产力损失给公司带来医疗和行政成本。目前存在一系列用于评估工人人体工程学表现的方法，如快速上肢分析法（RULA）、快速全身评估法（REBA）、Ovako工作姿势分析系统（OWAS）、NIOSH方程、职业重复性动作（OCRA）和工作场所人体工程学风险评估（WERA）。此外，结合不同的评估方法可以取得更好的效果。Balaji等人设计了一种将RULA和REBA相结合的方法来评估操作员的姿势风险水平，并为工人找到了最佳工作条件。

2. 心理模型

（1）情绪模型。

在人的数字孪生中，情绪模型描述了对工业产生影响的人的情绪。例如，负面情绪可能会导致不当行为和错误行为。人的情绪模型用于监测和预测操作员的心理状态，使协作机器人可以根据模型的输出改变自身行为。这类模型通常使用生理信号、肢体语言、面部表情和声音作为输入。隐马尔可夫模型（HMM）能够利用心率、出汗率和面部肌肉收缩等生理信号来估计人的情感状态。语音信号的深度学习模型可以检测操作员的七种情绪。然而，在工业场景的嘈杂环境中，语音可能难以获取。

（2）心理负荷模型。

心理负荷可定义为任务复杂性与人的认知能力之间的比率。它依赖工作需求、人的认知状态和工作时间内的情感状态。这些模型具有表达认知负担、模拟认知状态、发现人类行为潜在影响的功能。心理负荷评估是职业任务设计和评估的重要方面。评估心理负荷的方法主要有三种，即主观相关法、生理相关法和绩效相关法。主观心理负荷评估是一种对不同负荷水平的问答式测量，如NASA-TLX。生理传感器数据，如心电活动、呼吸和基于皮肤的测量，被广泛用作心理负荷模型的输入。在绩效心理负荷评估方面，耗时、速度和错误次数都可以作为评估心理负荷的模型输入。由于任何单一方法都无法完美地评估心理负荷，因此Bommer等人结合三种评估方法，使用离散事件模拟来预测心理工作量。

3. 认知模型

（1）意图模型。在协作任务中，机器人通过肢体语言、语音提示和视线转移等线索来推断人类运动意图，并确定轮换的合适时机。人类运动意图模型赋予机器人推断人类运动意图并据此修改自身行动的能力。通过直接或间接估计加速度、关节角度和位置等运动学参数，可以实现人类运动意图的预测。同样，生理数据也可用于使用状态空间模型（如肌电图信号）估计预期的关节运动。

（2）决策模型。决策模型用于模拟人类认知心理过程。这类模型可以促进更高层次的人机交互。马尔可夫模型是一种常见的建模方法。Sycara等人从基于神经的认知模型中获得了马尔可夫模型，用于预测在选择群体的两种全局行为之间时人类的决策。

4. 交互模型

（1）管理模型。人的数字孪生系统的组织层主要关注两项任务，即工厂布局设计和任务分配。通常，这些任务由多种因素决定。该模型的建模和仿真工作承担着预测和决策（如操作顺序配置、产品时间预测和布局优化）的角色。工作站布局是通过评估装配任务的人体工程学来确定的，从CAD模型、产品和装配序列约束中推导出子任务的要求。动态调度通过减少物理负荷和周期时间来确保生产安全高效。

（2）信任模型。信任是指与工人对机器人能力和限制的理解相关的因素。它涉及工人与机器人合作的舒适程度，以及工人对能否通过与机器人合作完成任务的信任程度。人类信任受三个子类别的影响，即与人类相关的因素（如操作员的专业知识）、与机器人相关的因素（如透明度、向操作员提供的信息量）和与环境相关的因素（如任务复杂性）。Xu等人提出了一种人类对机器人的在线概率信任推理模型，该模型采用动态贝叶斯网络，根据人类的主观反馈来估计信任度。

3.4.5　交互与控制

交互与控制相关的使能技术为人与物理系统的交互提供了技术支持。本节具体分析人的数字孪生场景中常用的几种交互与控制技术。

1. 人机交互

在智能制造的背景下，协作机器人为人机合作任务提供了前景广阔的解决方案。借助人机交互技术，人和机器人可以根据各自的能力分工合作，发挥各自的独特优势。因此，准确和实时的交互至关重要。先进的传感技术可支持人与协作机器人之间的不同交互方式，包括视觉、语音、物理和生物电方式。表3-10列出了交互方式的特点及其在人的数字孪生中的应用。然而，单一的感知模式不足以对整个系统的状态做出可靠的估计。多模态界面正逐渐被广泛应用。通过融合多种模态，机器人可以在感知环境、人和任务对象方面表现优异。Cui等人提出了一种融合三种不同生物信号（包括脑电图、肌电图和机械肌电图）捕捉人类意图的方法。

表 3-10　人的数字孪生场景中不同的人机交互方式

交互方式	描　述	特　征	应　用
视觉	通过视觉系统获取人体运动信息和意图，并将信息传输给机器人	减少对操作员身体运动的限制，以及障碍物对测量的影响	用于执行双臂六自由度机器人协同任务的视觉引导系统

续表

交互方式	描　述	特　征	应　用
语音	通过语音输入直接与机器人交互	最自然和最直观的交流方式，受限于工业环境的噪声	一种交互式工业机器人系统，结合人类的语音命令，用于执行拾取任务
物理	通过人与机器人之间的物理接触（如触觉、力等）进行交互	提供有效反馈	基于触觉反馈的人机团队协同导航控制
生物电	利用生物电信号直接控制机器人，包括脑机接口和肌电信号接口	解放操作者的双手，人的活动有限	一种利用脑电波控制工业机器人的方法

2. 柔顺控制

柔顺控制方案能够解决非结构化和不可预测环境中的物理交互问题，通常用于人机物理交互（如物体传递任务）的安全方面。阻抗控制作为一种主动柔顺控制方法，通过降低接触的刚度，为刚性机器人和操作员的交互提供柔性的行为。在人的数字孪生应用中，目标阻抗模型的响应通常通过阻抗参数、力、任务框架、频率等进行自适应调节，利用阻抗控制对机器人运动进行控制，并根据距离和预测的人类运动不确定性对系统参数进行在线调整，确保了人机交互的安全性及人机任务交接。其他方法，如导纳控制、混合位置/力控制、混合力控制等，在人的数字孪生场景中具有各自的优势。Peternel 等人开发了一种用于机器人的力/阻抗混合控制器，它可以在合作任务的不同阶段进行阻抗调节并提供所需的运动。

3. 远程控制

远程控制结合人的智慧和机器人的能力，在危险、无序和认知不足的情况下起到关键作用。为了操纵现场的机器人，可以使用人的运动信息作为远程控制的输入，而不是使用控制板或操纵杆等传统设备。由于人和机器人具有构型差异，因此将捕捉到的动作映射到机器人轨迹的方法是控制方法的关键部分。最近，随着反馈方法（如力反馈、触觉反馈、视觉反馈、声音反馈和多模态反馈）的发展，可以实现更逼真、更高效的远程控制。此外，VR 技术带来的虚拟环境可以作为连接远程站点的媒介，通过 VR 集成远程控制方法，第三方在远程控制操作中将开展更高效的协作。

4. 共享/监督控制

在人机交互分层控制架构中，人扮演着不同的角色，包括主动角色和监督角色，于是衍生出不同的控制方法。主动角色将人引入机器人团队的控制环路中。因此，共享控制结合了每个成员的优势，共同促进任务的执行。意图检测、仲裁和反馈是设计共享控制架构的关键要素。Zhang等人提出了一种基于共享控制的脑机接口系统，该系统由人脑控制系统和机器人自动控制系统组成。用户可以在机器人路径规划功能不佳时及时通过人脑控制系统来改变机器人的移动方向。监督角色将人引入环路，操作员负责设定总体目标并对其进行修改。这种控制系统能让机器人拥有更多的智能，从而自动执行任务，而人类只需做出高级决策。DelPreto等人提出了一种使用生物信号的监督控制系统。人类监督员观察机器人是否选择了正确的目标，如果没有选择正确的目标，监督员就直接对机器人进行控制。

3.4.6 服务与使用

与服务与使用相关的使能技术可以帮助人类在人的数字孪生场景中扮演好不同的角色。例如，AR技术可以让执行者更好地了解工作情况。本节主要介绍扩展现实（Extended Reality，XR）、知识图谱（Knowledge Graph，KG）和云服务技术，涵盖人的数字孪生中为多种人类角色所提供的服务。

1. XR

XR是指将所有真实环境和虚拟环境结合在一起，通过信息技术与硬件基础设施进行互动，进而实现人机交互。XR技术包括AR、VR和MR。

AR是一种在现实环境中叠加计算机生成信息的新型工具。信息显示和图像叠加是根据观察对象的具体情况而定的。这种新型技术可与人类能力相结合，为众多人的数字孪生场景（如装配、维护、产品设计、制造布局、服务、维修、检查和远程机器人）提供高效的工具。AR可以根据情况在操作员的视野中显示数字装配信息。因此，操作员可以专注于手头的任务，而无须改变头部或身体的位置来接收下一组指令。

VR是一种先进的计算机技术，可以在虚拟世界中模拟各种物理机制，给用户带来多种直观的感受。近年来，VR应用不仅为用户提供了超越现实的沉浸式视觉体验，还提供听觉、触觉，甚至与虚拟物体互动的能力。Shah等人利用VR技术，通过支持车辆健康监测、数据驱动决策及缩短工作时间，帮助维修工人开展车辆维修工作。Li等人开发了一个发电站锅炉系统虚拟培训包，该培训包通过可视化功能帮助学员更好地了解工作条件。与传统的显示方式相比,VR提供了一种精细的数据可视化方式，用户可以通过它获得更多细节。此外，结合手套和触觉装置等交互设备，VR系统还能为用户提供更逼真的交互服务。

MR将现实世界与数字元素相结合。在MR系统中，物理对象和数字对象共存并实时互动，同时涵盖AR和VR的沉浸式技术特点。在XR技术中，MR技术灵活性最高，几乎可用于每个制造阶段，涵盖培训、规划、设计、组装、安装和检查等众多任务。Franco等人使用带有透视摄像头的头戴式显示器（HMD）上实现了一个MR系统，并在实施维修飞机门的制造过程中对该系统进行了测试。一个包含必要组件的综合框架可帮助研究人员为制造开发更好的MR系统。它能帮助工业工人在恶劣的环境中工作。沉浸式XR技术是在人的数字孪生场景中辅助人类的强大工具，它能让人类更好地理解环境，并与系统或机器更好地交互。

2. KG

知识图谱是由顶点（节点）和边组成的语义图谱，用于表示概念、实体，以及概念和实体之间的语义关系。利用知识图谱，可以将零散的、碎片化的实体和概念连接起来，形成一个完整的结构化知识库，有助于信息的管理、检索、使用和理解。因此，知识图谱可以服务执行者和决策者等不同的制造角色，为他们提供信息和建议。在装配任务中,KG可获取装配加工知识，并为装配序列评估提供更准确的相关信息。Zhou等人提出了一种由KG驱动的方法，该方法可以整合装配工艺知识，并高效地找到可行的装配序列，该方法为提高智能装配工艺规划提供了参考。He等人构建了一种制造知识图谱，帮助决策者利用知识在正确的时间做出正确的决策。

3. 云服务技术

云服务技术涉及统计学、数据挖掘和人工智能等多个学科。它在满足用户多样化和个性化需求方面具有重要作用。云服务的工业设计可以视为网络化协同设计、虚拟制造、敏捷制造等先进模式在云计算环境下的融合与发展。构建这种信息服务平台，需要利用信息、移动互联网等现代信息技术。云服务技术旨在高效地收集海量用户的需求，促进各方之间的联系，简化信息流动等问题，以便将产品创意成果快速转化为产品。使用云服务技术，任何人类角色都可以成为创意的发起者。用户的平台化集成，可以利用云存储来生成创意并持续销售。工业云服务平台充当了设计者、加工者、生产者和销售者的角色，实现多方协同设计、资源高度共享，并随时为用户提供服务。此外，云服务技术有利于信息的即时更新和平台的逐步完善。

3.5 人的数字孪生的典型应用

工业5.0的重点是提供定制化、高满意度的产品，同时能够让人类从复杂的体力和脑力劳动中解放出来，使人类在具有创新性、革命性和高水平决策等更关键的岗位上发挥作用。此外，由于人具有复杂性、动态性和进化性，因此往往成为一个综合因素。实施人的数字孪生可以构建和迭代人的高保真和实时的复制体，为各种人类角色提供优化和管理等直接服务。本节将讨论人的数字孪生在不同生命周期阶段的代表性应用，包括产品的设计、生产、优化和维护。

3.5.1 产品设计中的人的数字孪生

1. 以人为本的产品原型定制

传统的定制辅助设备制造方法（如石膏成型）需要用户多次上门，耗费大量人力成本和制造时间，一直困扰着相关设计人员。为解决这个问题，Shih等人提出以人为本的服务，包括基于云计算的踝足矫形器（AFO）原型制作设计和增材制造（CDAM）系统，如图3-4所示。当用户前往诊所进行踝足诊断时，医生将对用户脚部和腿部的三维几何数据进行光学扫描，之后转换为特定的文件格式，上传到网络设计中心，并最终存储到云服务器上。临床医生可通过门户网站和界面访问和修改个性化点云数据，以更新和满足用户的要求，并根据设计方案生成刀具路径。该系统可帮助临床医生解决复杂的设计和工程分析问题。使用嵌入式IMU在诊所外执行性能评估，可探索进一步修改的必要性。结果成功证明CDAM系统的可行性，该系统可帮助医生准确、简便和快速地制定方案，并改善用户的单日就诊体验。

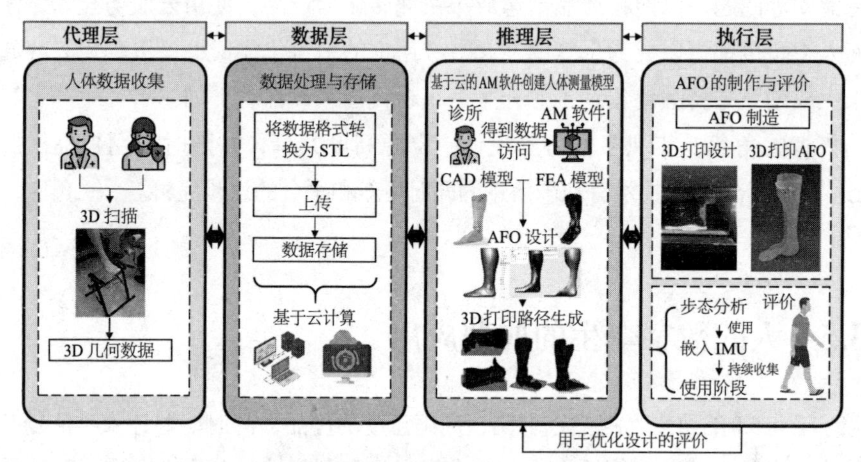

图 3-4　踝足矫形器原型制作设计和增材制造系统

2. 认知人的数字孪生驱动的用户界面调整

鉴于通信技术的发展将为专业工作者带来前所未有的海量信息，Du等人提出了一种认知驱动的个性化信息系统。该系统识别个体在信息偏好上的差异，旨在解决潜在的认知超载问题，所提出的方法包括使用VR模拟复杂任务，并在VR模拟中对工人的认知反应进行数字孪生建模。之后，根据映射的认知活动构建个人认知负荷模型，用于认知状态的实时预测，并使用信息调整策略来控制工人的认知负荷，如图3-5所示。在对工业设施停机维护的调查中，所提出的方法验证了与不同信息刺激相关的特定类型认知负荷是可区分和可建模的，这有助于根据用户的特定需求重新设计交互界面，从而降低认知负荷。

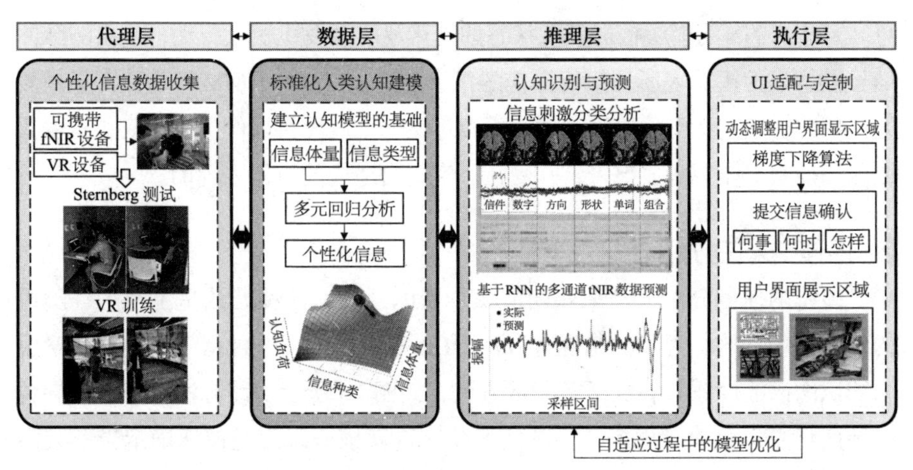

图3-5 用于预测认知负荷的个性化信息系统

3.5.2 产品生产中的人的数字孪生

1. 自适应人机协作

在大规模定制生产时代，复杂的制造任务要求机器人具备环境适应能力，并在协作任务中及时做出正确决策。为了更好地实现人与机器人的双向协作，提出了一种基于融合型脉冲神经网络（FSNN）的多通道信息处理方法，用于预测协作请求，如图3-6所示。基于视频拍摄、融合和推理层处理，获取包括人类行为、机器人姿态序列和装配零件状态在内的人的数字孪生信

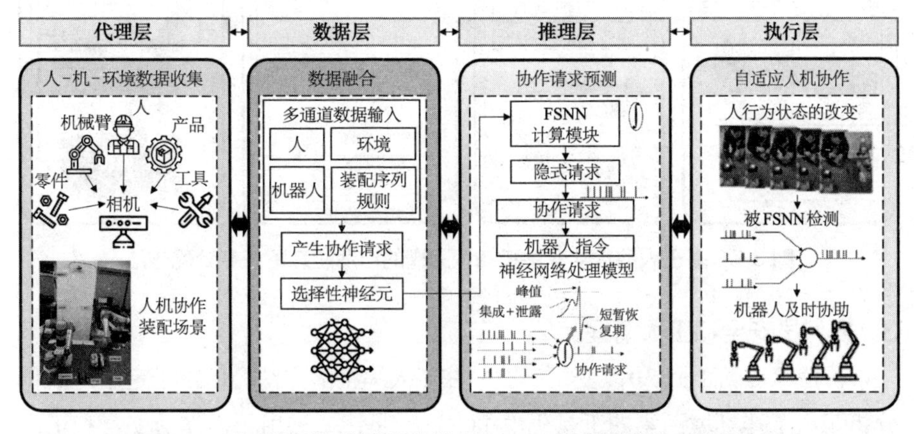

图3-6 用于预测协作请求的基于FSNN的多通道信息处理方法

息。基于FSNN的模块根据环境状态的变化及时触发机器人行动，输出的脉冲信号被解码为机器人所需执行操作的指令。与LSTM和HMM等几种常见预测方法相比，该方法可将决策准确率提高近30%，从而将操作员从重复的机器人监测和控制工作中解放出来，并受益于实时自适应的机器人辅助。

2. 最佳工人任务分配

传统的任务分配方法依赖团队领导者的经验，这种方法是主观的、随机的和强依赖性的。为了优化现有方法，Liu等人提出了一种基于人的数字孪生和知识图谱的自适应装配任务分配方法，如图3-7所示。该方法用于七杆旋转轴装配场景，全面考虑操作员的实时状态，其核心思想是快速确定当前装配任务中最合适的操作员。具体而言，装配产品的数字孪生模型逐步驱动分配子系统的装配过程。因此，可以识别当前装配步骤的操作员知识图谱。服务器可以根据装配情况对操作员的需求和现场操作员的知识图谱采用最大相似度实例匹配的方法计算匹配度。分配结果将显示在最佳操作员的可穿戴AR设备上。与以前的方法相比，该方法无须建立训练样本或模板库，在单件和小批量生产中具有巨大潜力。

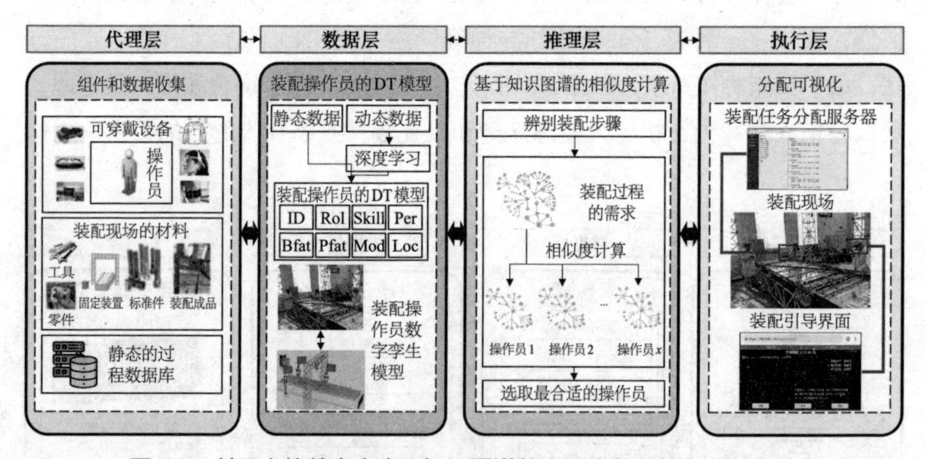

图 3-7　基于人的数字孪生和知识图谱的自适应装配任务分配方法

3. 操作员安全和工人管理

价值驱动的工业5.0改变了工业关注工人福祉的方法，但用于定量评估和分析工人工作环境因素的工具仍然很少。于是，一种用于操作员安全和工作管理的人的数字孪生系统被提出，如图3-8所示。通过移动设备和动作捕捉设备收集实时位置坐标和肌肉骨骼数据，以便在虚拟环境中建立人体数字模型。获取的数据还用于数据分析，即通过基于规则推理的定位和姿势检测来评估工人的安全性，以及通过处理骨骼数据，从而基于RULA进行疲劳分析并标准化工作时间。输出的事故安全级别和工作表现疲劳度有助于车间工人及时调整姿势。该系统使安全管理人员能够监控车间工人，对可能发生的事故采取预防措施，并帮助流程经理确保制造流程的生产率和安全，避免工人肌肉骨骼损伤。

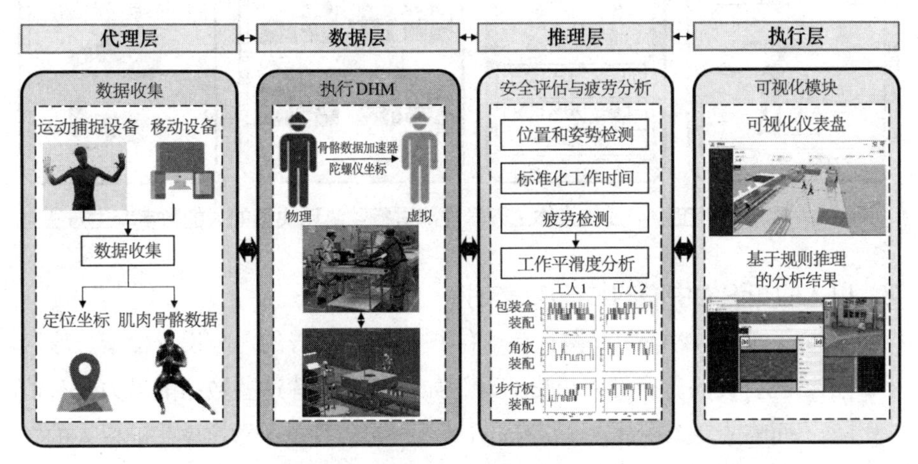

图3-8　用于操作员安全和工作管理的人的数字孪生系统

3.5.3　其他生命周期阶段的人的数字孪生

1. 基于人体工程学的布局改造

目前，许多降低生物力学过载的风险评估方法主要以观察为基础，耗时且客观。为了创建具有测量准确性和可重复性的工具，Greco等人提出了一个方法，用于对手工生产线的人体工程学性能进行监测和决策，并在装配场景中进行验证，如图3-9所示。具体来说，可穿戴惯性运动跟踪系统会在连续的工作周期内收集与工作姿势相关的数据，并将其传输到商业软件中。在软件中，数据和人体模型被组合起来并进行数值模拟。模拟完成后，数值数据将用于人体工程学评估，包括工作姿势、施加力、物料手工处理和重复性动作。如果发现了关键问题，将由经验丰富的人体工程学专家和职业医师对布局进行调整。在案例研究中，风险指数降低了38.5%，周期时间缩短了4秒，证明了该方法的适用性和有效性，使人体工程学专家能够将主要精力集中于识别问题和提出解决方案等方面。

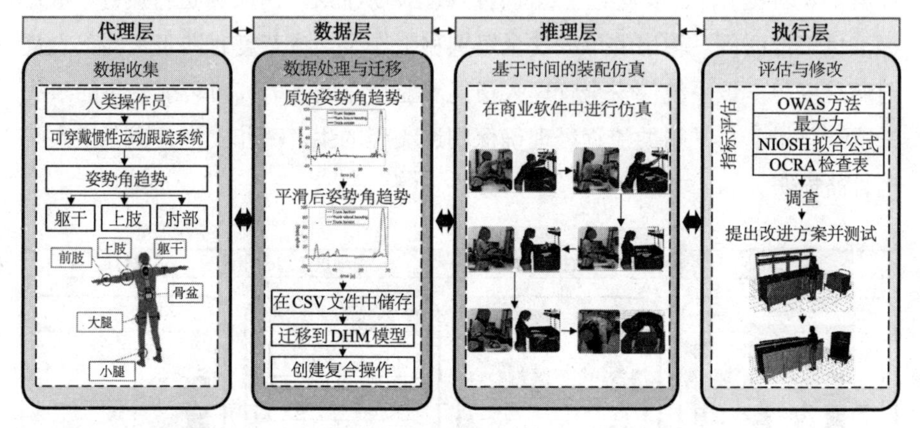

图 3-9　用于对手工生产线的人体工程学性能进行监测和决策的人的数字孪生方法

2. 以人的知识为中心的维护决策支持

维护工单（MWOs）等数据包含维护操作员报告的，与设备检查、诊断和纠正措施有关的资产健康历史纪录，如何充分发挥这些数据的潜力是智能制造系统面临的复杂挑战之一。Naqvi 等人提出一种基于数字孪生的以人的知识为中心的维护决策支持服务架构，该架构由知识数据库、可视化模块和云端嵌入式算法组成。在人机界面输入新的维护需求，通过领域微调嵌入模型进行预处理，计算与知识库中存储的过往案例的相似度，如图 3-10 所示。如

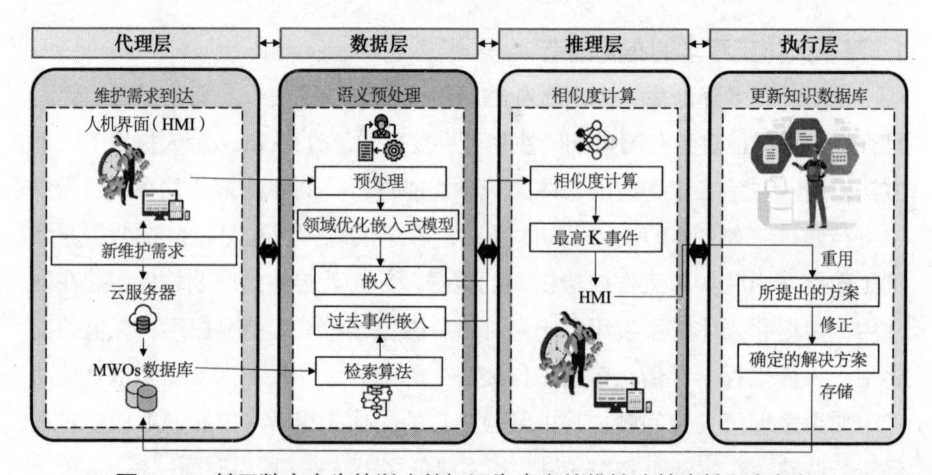

图 3-10　基于数字孪生的以人的知识为中心的维护决策支持服务架构

果在人机界面上应用给定的建议策略仍无法解决问题，维护人员就会制定一个全新的可行性解决方案，并将其保留和存储起来，用于更新知识库。在该架构的案例验证中，八个维护查询的平均相似度为87.1%，证明了模型的有效性。这表明引入的基于数字孪生的以人的知识为中心的维护决策支持服务架构可以减少维护人员的认知负荷，并作为一种无形资产体现系统价值。

3. 拆卸过程的任务序列规划和分配

作为一种劳动密集型过程，报废产品的拆卸需要使用人与机器人之间的实时最优序列规划器，以避免过高的计算成本和不安全的中断。Lee等人提出了一种基于人的数字孪生的任务序列规划框架，该框架由人类操作员、待拆卸部件、辅助机器人、摄像机及用于数据处理和存储的Linux操作系统组成。摄像机在拆卸场景中捕获深度图像数据，并将其作为人的数字孪生场景的原始输入传输到数据层，如图3-11所示。基于CNN算法的人体运动检测模型和行为预测模型可同时对物体进行分类和定位，并预测人的意图。在非确定性多项式硬组合优化问题中，这种组合是一个重要的人为因素。利用回顾式策略解决实时序列规划问题，之后由执行层中的人类或机器人执行分配结果。该方法的运动预测准确率高达78.4%，并在木制玩具箱和废旧硬盘驱动器的拆卸过程中得到了验证，显示出在更复杂、更具弹性的HRC场景中寻求最优分配方案的巨大潜力。

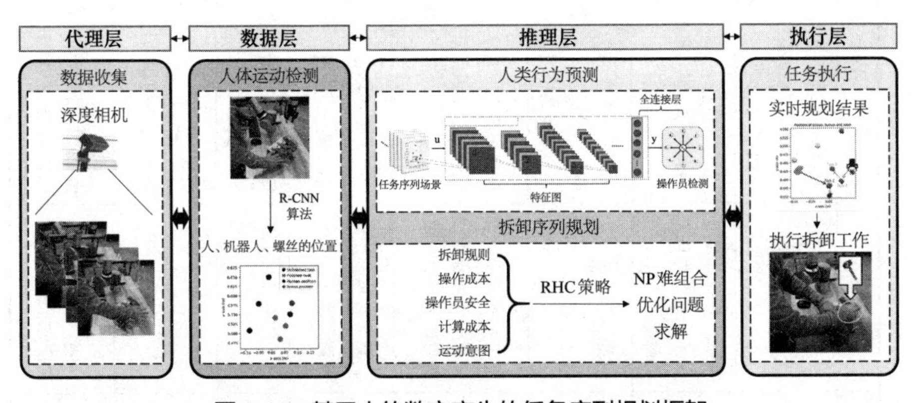

图3-11 基于人的数字孪生的任务序列规划框架

表3-11从数据输入、计算、建模、控制和优化、服务五个方面总结了人的数字孪生的典型应用。

表 3-11　人的数字孪生的典型应用

案　例	数据输入	计　算	建　模	控制和优化	服　务
以人为本的产品原型定制	人体的三维几何数据	在增材制造软件中生成定制化的刀具路径和工艺参数	用于矫形器定制的人体测量模型	在使用阶段通过步态分析优化原型模型	为设计师提供准确、简单、快速的定制工具，为用户提供快捷的定制过程
认知人的数字孪生驱动的用户界面调整	神经成像、生理和人体工程学等认知负荷指标	信息刺激分类与预测	构建个人认知负荷模型	伴随显示区域动态调整的模型改善	分析人的定量认知负荷，基于用户特定需求降低认知负荷
自适应人机协作	人机环境因素的图像数据	基于FSNN方法，将数据映射到神经元，并将尖峰信号解码为机器人指令	协同指令预测的认知模型	机器人的决策更新与人类行为状态的同步变化	从重复的机器人监测和控制工作中解放出来，为操作员提供实时自适应机器人辅助
最佳工人任务分配	员工数据库中的静态指标和可穿戴设备收集的动态指标	计算装配操作需求与现场操作员在知识图谱层面的匹配度	交互模型，包括组织因素、生理因素和生理因素	将匹配度最高的操作员分配到特定的任务中	为分析者和决策者提供定量分配方法，实现操作员能力和任务需求的匹配
操作员安全和工人管理	实时位置坐标和肌肉骨骼数据	定位和姿态检测的安全性评估和疲劳分析	物理模型，包括位置、人体工程学和运动检测	根据可视化结果调整工作姿势，执行预防措施，保证工作效率	便于管理人员随时随地进行监控和决策
基于人体工程学的布局改造	与工作姿势相关的数据	四种不同风险指标的人机工程学定量评价	动态姿态模型和物理人体工程学模型	讨论、模拟、评估和实施针对确定的关键问题的修改方案	让人体工程学专家专注于识别问题和提出解决方案
以人的知识为中心的维护决策支持	维护需求文本	计算与知识库中存储的以往案例的相似度	以人的知识为中心的维护支持服务架构	从模型中应用给定的建议或将新的可行性解决方案进行可视化、保留和存储，以更新知识库	减少维护的认知负荷，增加作为无形知识资产的系统价值
拆卸过程的任务序列规划和分配	人、机器人和零件的图像数据	分类和定位物体，基于CNN预测人的意图	用于运动检测的物理模型和用于人的意图预测的心理模型	使用人的意图预测来求解序列规划问题	将人从重复性劳动中解放出来，实现操作者与机器人的最优任务分配

3.6　人的数字孪生的优势和挑战

尽管人的数字孪生技术具有诸多优势，但需要基于工业5.0的三大支柱开发出适合人使用的技术。因此，需要考虑哲学、社会和伦理问题，以推动人的数字孪生技术的进一步发展。作为核心使能技术之一，人的数字孪生技术在利用数字化、网络化和智能化等关键技术促进以人为本的发展方面具有巨大优势。

1. 数字化

人的数字孪生利用多模态感知源收集网络世界的信息。同样地，人的数字孪生也需要从反馈的角度加强与现实的联系。利用多模态数据和XR技术来纳入更多的数据源，以及提供用于做出更明智决策和提供更智能服务的反馈，这种探索对于发展人的数字孪生优势存在重要意义。

2. 网络化

网络化支持管理并提供数字资源，Web 3.0代表下一代万维网，它着重强调去中心化、开放性和提高实用性。由Web 3.0引领的数字权益管理涉及数字资产的存储、验证、交易和操作，这些是人的数字孪生的主要组成部分。它促进人的数字孪生数据的安全和生态系统的透明。Web 3.0与大规模物联网传感器结合可增强跨行业和跨地域的数字孪生基础设施。

3. 智能化

从学习系统的角度来看，生成式人工智能技术有可能推动人类发展技术的进步。以ChatGPT为例，它基于InstructGPT的孪生模型执行各种任务，如回答询问和调试代码。作为生成式人工智能的代表工具，ChatGPT可以生成想法、阐明观点，并快速回答问题。生成式人工智能可通过创建物理系统的虚拟模型，并利用人工智能模拟不同场景来预测事件，同时保持数据的内部性、安全性和私密性。它可以在人的数字孪生的模型设计和构建中发挥作用。

在推进数字化、网络化和智能化的过程中，还需要关注更多的挑战。本节将从技术、应用、组织和社会等方面介绍这些挑战。

3.6.1 技术挑战

1. 技术标准化

人的数字孪生是一个通用的设计和开发平台，可处理系统之间的标准化和通用格式，包括数据格式、接口、通信协议等。然而，现有系统根据项目要求遵循不同的标准和规则，如文档格式、日志文件、电子表格等，给多个系统的通信带来了困难，同时也无法满足后续开发和扩展的需要。统一的标准化有助于为人的数字孪生的参与者创造全球协作环境。

2. 透明度和可解释性

在个性化人的数字孪生的背景下，透明度和可解释性的概念要求算法做出的决定对人类来说是明显和易于理解的。对透明度和可解释性的需求越来越多，需要受算法影响的人也能理解算法。了解系统如何获取信息、得出结论、采取行动及与网络系统交互是必要的。然而，现有系统在这方面表现较差。理想情况下，透明度和可解释性有望使系统增强人与物理系统之间的双向信任关系。此外，用户或参与者应有权了解所收集数据的来源并理解其含义。例如，是否使用了合法数据及所实施的算法是否可以解释，这些均取决于透明度和可解释性机制。

3.6.2 应用挑战

1. 以人为本

虽然现有系统声称采用了以人为本的理念，但仍有进步的空间。与数字孪生不同，人的数字孪生将人的权利置于生产过程的核心。面向工业5.0，人的数字孪生从以人为本的角度出发，使用明确的技术解决可持续性和弹性问题。可持续性需要通过尊重地球的边界和工人的福祉来确保。弹性是指通过发展具有弹性的价值链、适应性强的生产能力和灵活的业务流程来提高行业的韧性，特别是在价值链服务人类基本需求的领域。因此，从可持续性和弹性的角度来看，人的数字孪生技术能为人类做什么比技术能为系统做什么更重要。然而，目前的系统只考虑了少数人类因素，无法从本质上划分为人的数字孪生系统。未来有必要明确一个特定本质，以便统一理解和分类。

2. 综合建模

构建高质量、高保真的交互环境是必要的，包括不同的物理特性和有效的通信功能。此外，作为工业5.0的主要趋势，人机协作应考虑规划、操作顺序、安全性和效率等问题。因此，基于建模有效且实用地评估人机协作意义重大。此外，现有的数字人体模型研究仅限于开发交互有限的静态模型，未来的研究应允许动态和智能交互，以改进在人的数字孪生中构建网络系统。

3.6.3 组织和社会挑战

1. 隐私和安全问题

系统运行的不同环境可能涉及不同的文化和管理制度。因此，隐私和安全问题不仅需要技术合作，还需要法律和道德等方面的合作。此外，人的数字孪生还包括有形资产和无形资产，如物理资产、制造系统和关键数据。资产的隐私和安全，以及人与系统交互的个人数据的隐私和安全至关重要，它们决定了人的数字孪生的普及和发展。另外，这些挑战还需要相关技术，如新的系统架构设计模式和先进的网络安全协议，以保护隐形资产免受网络攻击。

2. 行业意识

让工人成为社会和行业的一员并受到保护是一项责任。可以在工业政策中采用与人的数字孪生有关的以人为本和以社会为中心的方法，有助于保护个人和群体的权利，并促进基于价值的政策下人的数字孪生的应用。同时，行业应思考和设计商业模式，确保工人和企业从人的数字孪生中受益。此外，企业与教育培训机构之间应建立紧密的合作关系。同时，还应在社会政策方面进行实质性改革，如福利和医疗保障制度。

3.7 总结

以人为本是工业5.0的核心价值观，将人置于生产的中心，重视人的需求，包括人的健康、安全、自我实现、个人成长等方面。本章提出了“人的数字孪生”这个概念，它是在面向工业5.0的智能制造系统中实现以人为本的关键方法。人的数字孪生是人的数字化表示，旨在通过将人的特征与系统的设计和性能直接结合，共同促进人和系统的集成表现。分析、理解和应用人的数字孪生对于在现代工厂中践行工业5.0概念及发展智能制造范式至关重要。然而，目前运用人的数字孪生以充分发挥人的作用和发掘人的潜力的相关研究数量有限，并且现有研究很少关注如何构建面向实际应用的人的数字孪生标准化框架和架构。本章面向工业5.0对人的数字孪生进行全面综述，总结现有研究成果。首先提出人的数字孪生的内涵，然后讨论人的数字孪生的概念框架和系统架构，最后分析使能技术和工业应用，从而缩小研究差距。本章为进一步发展人的数字孪生及其相关概念过程提供了指导，在面向工业5.0的智能制造系统中充分发挥人的潜力并满足其多样化需求。

第4章

基于互补学习范式的人机团队合作策略研究①

4.1 引言

随着工业4.0的技术进步，现代化的制造系统可以创造出丰富的具有灵活性、可重构性、可变性和响应性的决策，从而产生更智能化、认知型和知识密集型的智造系统。通过大规模地开发和应用先进的模型、框架和工具包，这样的系统已经成功应用于大型企业，以促进竞争优势，推动经济发展。然而，中小型企业（SMEs）是最重要的经济贡献者，在欧盟和美国占制造企业的90%，面临着更大的财务和资源限制。常见的工业4.0的应用挑战包括培训和设备投资的效益较低、大规模实施的成本高，以及智能化任务复杂、可用的数据规模小和用户隐私差等。这些挑战限制了关键决策模型的成熟度，从而阻碍了工业4.0在中小型企业的生产、物流和管理方面的广泛应用。

大型制造企业在充分利用工业4.0技术方面也面临着挑战。实时发出信号以跟踪系统和产品状况的智能制造设备通常需要处理大量的数据存储和管理工作。此外，从原始信号中提取信息以获得可操作的方法需要先进的决策模型，如深度学习和优化。这样的决策模型通常需要维护一个庞大的信息网络。此外，为不同任务定制中央或分布式决策模型需要大量的计算资源，进而会导致非常大的能源消耗。使用当前的能源生成方法，训练大型深度模型的CO_2排放量也较大。因此，依赖越来越大的信息网络和决策模型阻碍了工业

① 本章作者为Xingyu Li, Yoram Koren, Bogdan I Epureanu，发表于*CIRP Annals* 2022年第1期，收录本书时有所修改。

4.0充分发挥潜力，并偏离了可持续制造的迫切目标。

在制造系统中，人类是不可或缺的。人类在工厂生产线上执行约72%的制造任务，尤其是在任务规则和知识未知的情况下，人类的问题解决能力尤为关键。相反，机器在新任务的创造力上较弱，但它们的精度、一致性、生产效率，以及数据收集和处理等方面，与人类相比则具有明显的优势。因此，如何在人类和机器之间实现最佳的团队合作是实现高性能制造系统的关键。目前的研究结果已经表明，人机间的实时信息共享可以通过多种渠道实现，包括从语音到脑电波。现在，机器可以通过分析运动来推断人类意图，并且可以跟随人类执行复杂的任务。然而，这种合作的成功还取决于人类的决策能力和专业知识。在现有的学习范式中，机器学到的知识并不能提高人类的决策结果，人类的专业知识也无法改善机器学习的结果。

在本章中，我们提出并在工业案例中展示的互补学习（CL）可作为一种新的人机学习范式，以建立人类专业知识与机器智能之间的桥梁，使机器能够在有限的连接性和智能情况下获得先进的决策。在我们的愿景中，机器可以组织自己成为一个团队，并根据机器推断的人类专业知识在更小和受限的通信网络中自由地、智能地、有选择性地与人类进行合作，从而摆脱庞大的传感网络、数据存储和计算，以及隐私和延迟问题。

为了协同人类专业知识和机器智能进行车间操作，CL旨在解决三个问题：①机器何时应该咨询人类操作员。②机器应向人类操作员询问哪些内容。③机器如何选择性地与具有不同专业水平的人类及不同机器组队协作。

为了解决CL中的问题，我们设计了一种组队策略来帮助机器表现得像人类的“学习伙伴”一样，来拓展人类可以获得的信息并适应人类的专业知识：①通过学习如何准备和传达信息，提高人类专业知识，使人类能够获得最有用的见解；②通过学习如何采纳，以及把机器从人类操作员那里获得的知识融入机器决策来利用人工智能。

我们通过部署深度强化学习模型使机器能够决定与谁组队并进行有效沟通。制定优化模型以指导机器动态确定要沟通的关键信息和采取的行动，以最大程度地实现沟通的好处。与此同时，我们设计了一个元学习算法，使机器能够从过去的少量互动经验中学到如何与人类交流，并相应地完善团队合作和沟通策略技能。

4.2　互补学习

智能工厂目前依赖传统学习（TL），通常假设机器和传感器之间的连接非常好，通过聚合数据来积累机器的智能和知识并制定全局决策，如图4-1（a）所示。这种方法依赖在同一个环境中对完整数据进行模型训练，由此也带来了诸多挑战，如数据隐私和延迟。

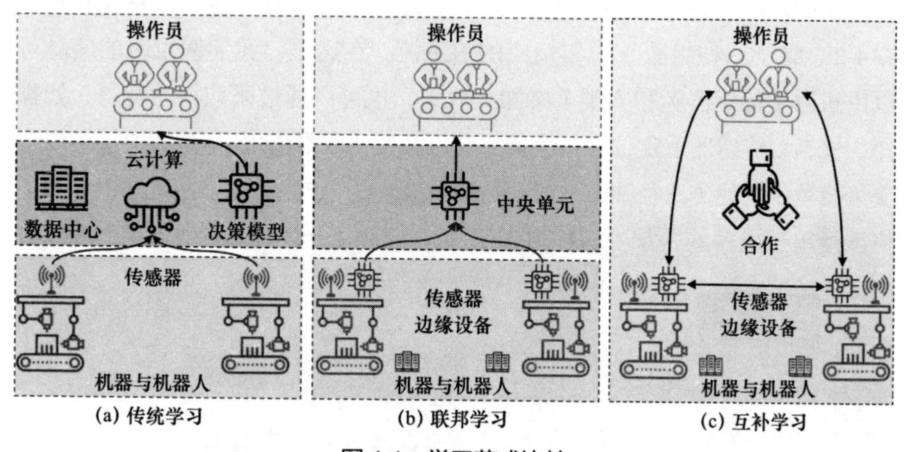

图4-1　学习范式比较

联邦学习（FL）的引入旨在将数据集保留在分布式和较简单的边缘设备上，在提高数据隐私的同时减少数据传输和存储的工作。在这个机制中，机器彼此视为“同学”，它们的学习成果由中央单元（“老师”）统一协调和评估，如图4-1（b）所示。然而，需要注意的是，FL的速度通常被认为比TL的速度慢几个数量级，尤其是在进行深度模型训练以提取复杂特征时，可能需要额外的通信设备和大量带宽。与TL相似，FL中的人类仍然未能充分参与到知识创造的循环中。

与机器相比，人类在工厂生产线上可以充当自由代理。他们的知识传递和认知能力可以提高专业知识在各种任务中的适用性。然而，完全依赖人类决策也存在弊端，即人类容易由于信息不完整或有偏见而无法做出最优决策。但是，人类可以从能够处理更大量信息的机器中获得帮助。CL旨在协调机器间的信息沟通和支持分享，以提高人类专业知识，从而减少实现工业4.0进展的成本。

在CL中，机器学习如何与人类合作，而不是模仿人类工作。因此，机器只需要用简单的模型来提取任务的特征和基本知识。例如，任务的规则和因果关系、任务成功的预期、零件和组件的评估，以及学习如何利用人类专业知识来改进任务结果。CL通过使用人类专业知识来实现高性能制造，从而解决数据隐私问题，因为不需要在完整数据集上进行训练。CL鼓励人类和机器相互组队，分别负责找到具有信息、知识和合适技能集的团队成员，以最大化系统性能和任务结果。

在CL中，主要的决策包括选择团队成员、准备要传达的信息和知识。图4-2总结了三种组队方式和相应的信息流。在这里，我们假设新的信息可以由机器（传感器）和人类（感知）收集，也可以通过采取行动获得，如操作、检查和传感器重定位来扩大信息获取范围（路径①）。知识和决策可以在决策模型中创建（路径②），如启动预测性维护、分配需求。在本文中，我们将涉及单一机器的决策处理称为零团队，因为由于信息和知识不足，所以决策可能尚不成熟。

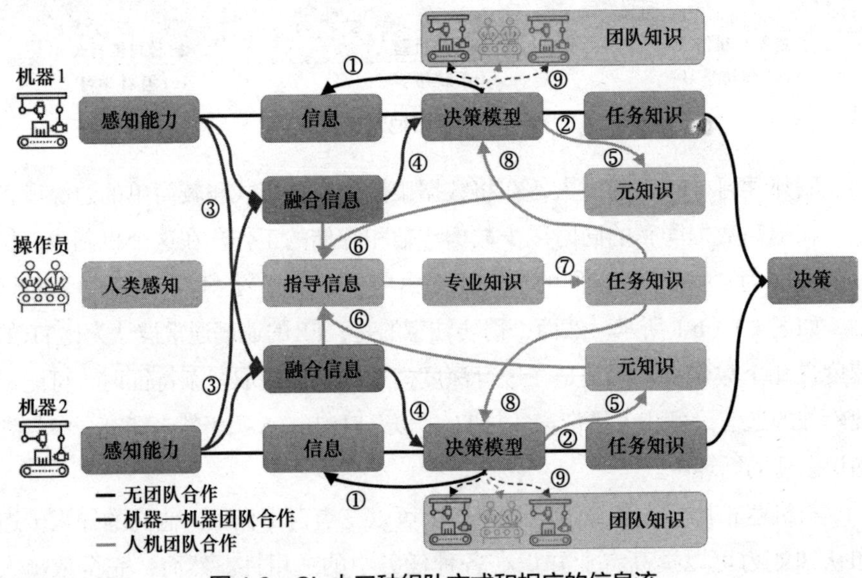

图4-2 CL中三种组队方式和相应的信息流

在制造系统的运作中，特别是在大规模系统中，良好的决策通常依赖多个机器、人类和系统的输入。例如，产品调度需要多台机器的周期时间，而零件诊断可能依赖多个阶段的信息。

在CL中，机器—机器（MM）组队方式和人机（HM）组队方式用于改善决策。在MM团队中，机器相互分享信息（路径③）以创建最全面的信息和知识（路径④）。然而，机器决策模型中的有限认知能力仍可能限制决策的质量。HM组队方式架起了人类专业知识与机器决策的桥梁，可以从机器上选择信息（路径⑤）。机器使用元知识识别对人类有指导意义的信息（路径⑥）。之后，人类结合信息，根据自身的经验和认知创建任务的新知识（路径⑦），并将知识传回机器（路径⑧）。基于人类的输入，机器更新它们的知识、决策及组队方式（路径⑨）。路径⑤～⑧形成了人类和机器之间知识强化的闭环，该闭环将一直持续，直至得到令人满意的决策。

4.3 方法和模型

本节将详细介绍使用团队策略和混合学习模型实现CL的过程。CL范式包括两个阶段，即①学习如何执行任务——从历史任务中进行监督学习；②学习如何与人类合作——通过强化学习和元学习从少数与人类的互动中学习如何适时地向人类分享信息和寻求帮助，如图4-3所示。

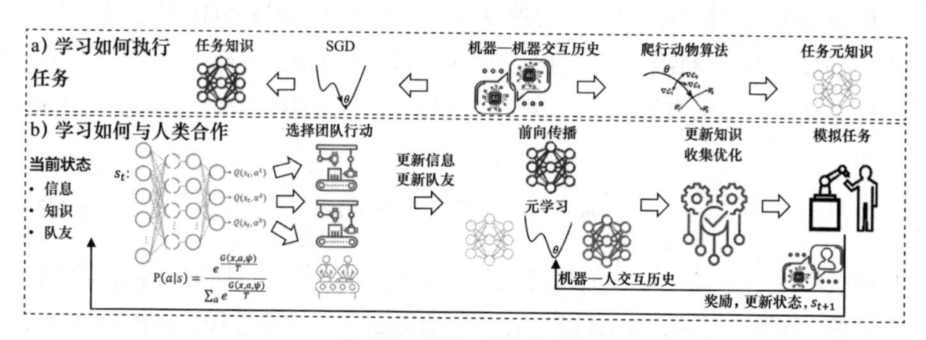

图4-3 互补式学习框架

4.3.1 通过轻量级神经网络学习认知任务

认知任务旨在使模型获得任务的基本知识，即使每台机器学习和理解其所执行的动作如何影响任务结果。在这个阶段，机器采用一个随机的同其他机器组队的策略，在组队成功后将共同收集和分享信息并记录结果。假设每个任务样本$m \in M$包括机器部件信息，已知标识$i^{(m)} = \{i_1^{(m)}, \ldots, i_N^{(m)}\}, i_n^{(m)} \in [0, 1]$

作为输入，任务结果$y^{(m)} \in [0, 1]$作为输出。我们通过构建神经网络H来预测从现有信息可以得出的任务结果的概率，即

$$P^{(m)} = H(i^{(\mathrm{m})}, \theta_0) \tag{4-1}$$

式中：$P^{(m)}$为成功预测结果的概率，这是衡量信息量是否充足来制定决策的重要条件。我们通过使用随机梯度下降（SGD）算法来训练此模型，即从随机初始参数θ开始，使用在训练集m上执行的损失函数计算梯度，并根据梯度调整参数，直到获得最优参数θ。

4.3.2 通过元学习理解如何学习

在CL范式中，机器在认知任务的同时，还需要学习关于任务的元知识。与前面机器所认知的和任务相关的知识有所不同，此处的元知识指的是关于学习过程本身的知识，包括如何有效学习或如何将学习算法调整到新任务或领域的见解。这种元知识可以帮助机器在与人类的少数次交互时迅速适应人类专业知识。这种学习如何学习的过程或积累元知识的过程被称为元学习。我们采用Reptile算法来学习从任务采样中得到的初始化参数$\boldsymbol{\phi}$，以便在通过人机交互优化这些参数时使学习速度更快。首先，使用k–SGD算法进行k>1步的梯度更新，返回一个新的参数集W_n = k–SGD ($J_{m'}, \phi, k$)，其中，$J_{m'}$是任务样本$m' \in m$子集上的损失函数。对于每个样本，模型参数由以下方程进行更新：

$$\boldsymbol{\phi} \leftarrow \boldsymbol{\phi} + \frac{\varepsilon}{k} \sum\nolimits_{m' \in m'} (W_n - \boldsymbol{\phi}) \tag{4-2}$$

式中：ε为外循环学习率。通过与人的少数次交互，模型可以通过SGD算法收敛到最优权重θ，即θ = SGD (J_n, ϕ)，经过几次迭代。这个过程旨在在有限的人机互动中有效训练模型，使其快速达到最佳参数。

4.3.3 通过优化模型进行高效信息收集

如果机器对其当前知识执行任务不太有信心，即如果p很小，就需要执行新的收集操作，来保证执行任务前的信息的充足性。新信息j采集的目标是在单位行动成本c_j下，最大化新收集信息所带来的知识收益。为行动选择制定了

以下优化模型：

$$\max \frac{p\,(i\,(t+1),\theta)-p(i\,(t),\theta)}{c_j} \tag{4-3}$$

$$\text{s.t. } i_j\,(t)=0,\, i_j\,(t+1)=1 \tag{4-4}$$

通过所制定的决策目标和优化约束，优化模型倾向于选择对采集与任务特定的情形帮助最大、内容最多的设备信息，从而使机器可以根据不同的任务来调整信息采集。其中，优化模型依赖4.3.2节中机器所学到的知识引导其采集信息，从而保证所采集的信息不仅能够帮助机器进行决策，也能促使所获得的新信息帮助人类决策，进而使机器更快且更容易地找到最优决策。

4.3.4　利用深度强化学习优化组队策略

组队策略的目标是根据其知识和专业知识建立一个适当的机器和人的群体，以执行所需的任务。由于人类专业知识和任务结果的不确定性，我们采用强化学习通过重复的探索和对探索经验的开发利用来识别最佳队友。首先，我们将团队组建过程定义为一个马尔可夫决策过程，用状态量x代表机器当前的已知信息、知识和队友，组队动作a代表所选择的下一个队友，根据团队大小（临时网络的大小）和知识增益设计奖励r。其次，我们使用深度Q网络来学习最优策略，网络的训练是通过以下参数更新来最大化所得到的奖励期望值的：

$$Q\,(x,a)\leftarrow(1-\alpha)\,Q\,(x,a)+\alpha\,[r\,(x,a)+\gamma Q\,(x',a')] \tag{4-5}$$

式中：Q为对状态-动作对进行评分的函数；x'为组队动作a'导致的下一个状态，是学习率；γ为过去经验的折扣因子。由于状态空间和动作空间的维度较大，因此用一个神经网络G来近似Q值表，即$Q\,(x,a)=G\,(x,a,\psi)$。其中，模型参数ψ通过代价函数J_G进行更新和学习，具体定义如下：

$$J_G=[Q\,(x,a)-(r\,(x,a)+\gamma Q\,(x',a',\psi))]^2 \tag{4-6}$$

Q网络的训练细节参考图4-3，其中T用来控制动作选择的随即性，并通过经验重放提高学习的效果。通过强化学习及其学习所得的协作策略，每台机器都能够独立地根据所需信息和知识选择队友，在特殊情况下，机器可以在确定人类专业知识不适合特定任务时排除人类。通过将团队大小作为计算奖励的一部分，机器倾向于找到一个精益协作解决方案，只将最需要的机器或人员纳入团队，从而实现精简且高效的协作。

4.4 原型实施

为了全面展示所提出的模型在协同学习中的预期表现，我们模拟现实工厂环境中的协同诊断任务，并利用模型所生成的仿真数据来训练CL范式中的学习模型。我们考虑了一个拥有三台机器和一位人类操作员的制造线，即包含四个制造阶段的工厂情景，如图4-4所示。每台机器都包括五个组件和一个边缘设备。其中，边缘设备的功能是实时采集、处理、分享和分析数据，以支持机器状态的监控、优化和人机交互。在这项工作中，我们考虑以下假设：①随着机器组件缺陷的增加，其所制造的产品的质量会降低；②更快的组件诊断有助于产品生产的快速纠错，从而生产更高质量的产品。故障诊断依赖传感器信号来确定一个设备组件和产品的状态。值得注意的是，根据先前研究的假设，每个机器都配备了一个设备组件传感器和一个产品传感器。每个设备组件传感器可以并只能获取一个组件的信号，但是它可以在设备上重新定位来获取不同组件的信号。

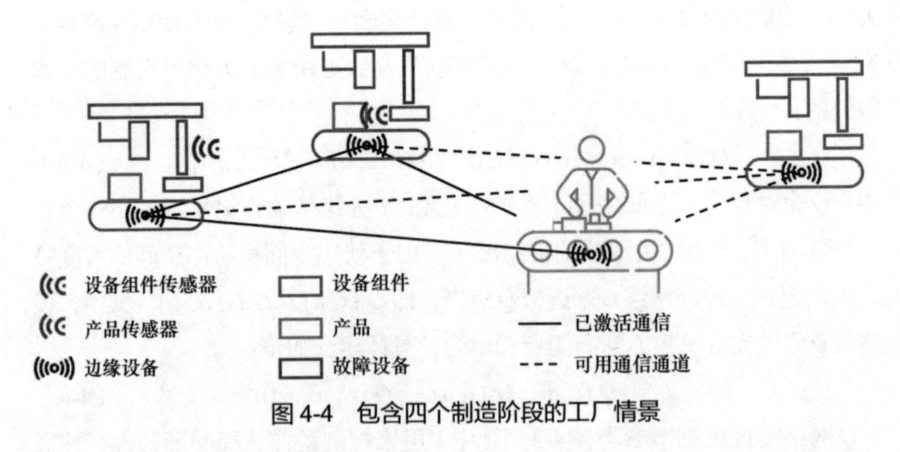

图 4-4　包含四个制造阶段的工厂情景

我们应考虑多种机器故障诊断依据及人类操作员所携带的专业知识的多样性。比如，我们假设机器1通过检查至少3个组件进行诊断，而机器2可以根据检查所有阶段的产品信号进行诊断，机器3则依赖通过将其组件信号与其他机器的类似组件信号进行比较进行诊断。为了说明机器如何适应人类专业知识，我们创建了不同类型的人类知识：操作员1可以通过比较产品信号来识别错误的机器，操作员2可以在两个机器组件已经被检查的情况下识别机器的“健康”状态。

机器可以通过以下方式与其他机器和操作员进行团队合作：①与其他机器交换信息并重新定位传感器；②与操作员合作获取知识和进一步检查的建议。在每次模拟中，机器组件的缺陷将随机生成，诊断任务的成功取决于对所生成的随机缺陷的准确定位。每次的成功诊断都伴随快速的缺陷修复，同时随机创建新的缺陷。对于强化学习模型，每次诊断都会使机器获得一个奖励值，通信维护产生成本（当涉及更多机器时成本增加），传感器重新定位和错误的人类检查也会导致机器获得一个惩罚值（负奖励值）。为了更高效地训练深度Q网络，我们设计线性训练计划来实时调整学习率。元学习的学习率被设置为0.1。元学习中的两个神经网络具有以下特性：Q网络有1层，64个神经元；G网络有2层，分别有50个和20个神经元。这些经过训练的模型非常小，不到1MB，都可以轻松部署在当前绝大多数边缘设备中。

4.5 实验结果

图4-5比较了使用不同组队方式进行训练时每次迭代（一次动作）的系统性能。与MM合作相比，HM合作在整个学习过程中显著改善了任务结果，如图4-5（a）所示。由于机器具有复杂性，因此MM合作需要很长时间来认知任务、找到最优解并进行多次尝试，而HM合作成功地将人类专业知识与机器知识结合起来，大大缩短了找到最优解决方案所需的时间。

图4-5（b）突显了团队合作的元学习优势。机器通过学习如何与人类沟通，快速定位和修正有缺陷的部件，从而使系统性能得到逐步提升。通过元学习，机器可以进行有效的沟通来获得更好的任务结果，这个结果也证实了人类专业知识在机器故障诊断中的积极作用和优势。

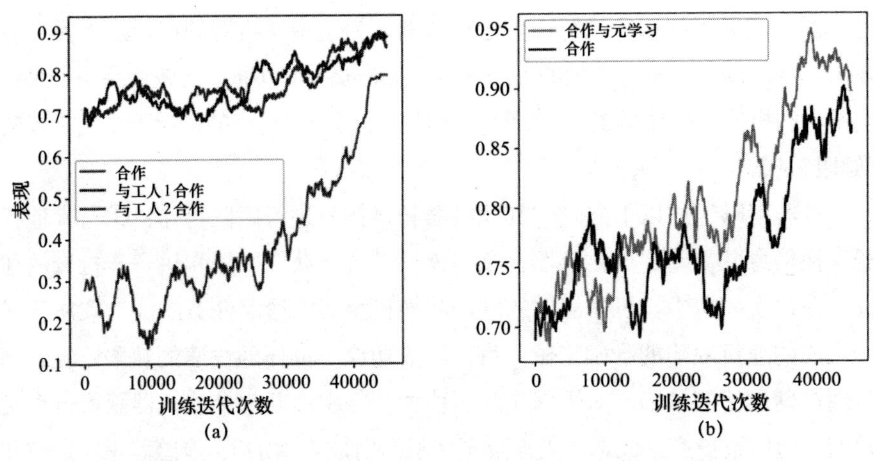

图 4-5　使用不同组队方式进行训练时每次迭代的系统性能

图4-6详细展示了机器通过不同的交互与人类进行沟通和学习。图4-6（a）中使用任务成功的预测准确性来衡量学习的效果。该结果表明，通过对任务元知识的获取，元模型可以在更少的人机交互次数和训练迭代中快速收敛并获得一个合理的解决方案。通过持续学习人类专业知识，如图4-6（b）所示，在从更多的交互中学习之后，机器学会如何充分准备与人沟通所需的信息，从而提高从沟通中获取知识的机会。随着时间的推移，HM团队合作策略从“收集—沟通—收集—沟通”逐渐演变为“收集—收集—沟通”，通过帮助机器学习如何准备知识、如何高效从人类中学习，来启发和更有效地利用人类专业知识，从而提高人机之间的沟通结果和总体的生产效率。

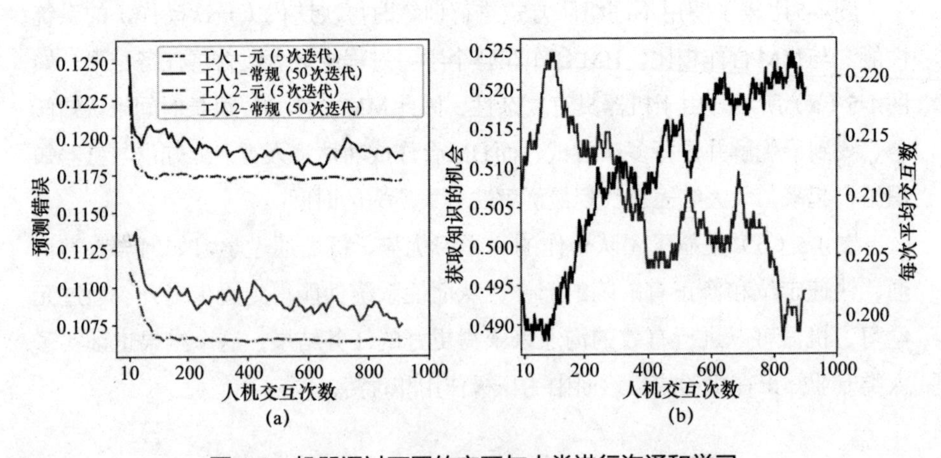

图 4-6　机器通过不同的交互与人类进行沟通和学习

图4-7详细展示了机器根据不同专业知识的人类初始传感器位置来调整其组队和动作选择。对于主要依赖产品信息进行诊断的人类，模型通过更倾向于收集与产品状态相关的信息迎合人类专业知识，如图4-7（a）所示。对于依赖比较组件信息来做故障诊断的人类，机器倾向于收集组件信息来帮助人类进行判断，如图4-7（b）所示。这些结果表明，所提出的元学习和团队合作方式可以有效地使机器适应人类决策方式，学习协调其他机器的信息，从而既提高诊断效率和产品生产，又促进机器信号的有效获取和人类专业知识的高效利用。

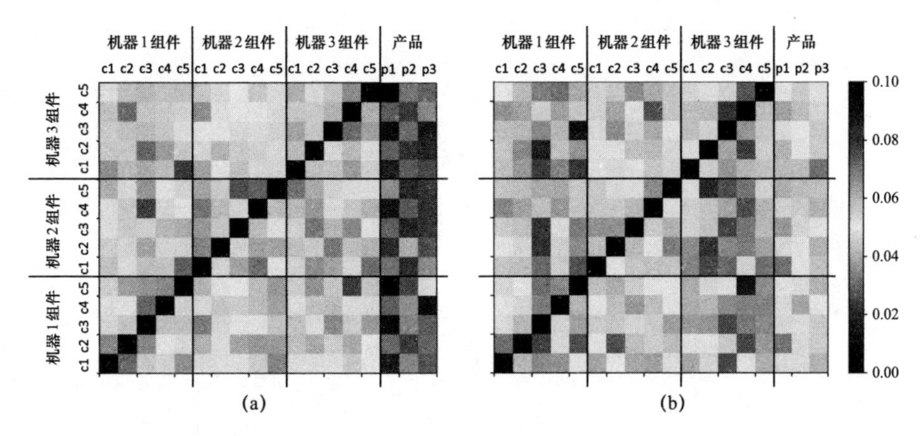

图4-7　机器根据不同专业知识的人类初始传感器位置来调整其组队和动作选择

4.6　总结

本章提出了一种新颖的互补学习范式，旨在引导机器组建团队，以学习增强和充分利用人类专业知识进行重要决策。这个方法与当前训练日益庞大且复杂的神经网络的传统方法形成了明显的对比。本章所提出的互补学习方法结合了轻量级神经网络、元学习和深度强化模型，通过创建任务的基础知识及组建团队、与具有不同专业知识的人类协作的特定知识，定义了以人工智能为基础的组队策略。通过实际场景的应用，结果表明，互补学习范式能够帮助机器充分利用人类专业知识，从而替代全知的中央计算单元所需的巨大工作量。实验结果揭示互补学习范式可以通过局部人机合作来实现工业4.0所带来的潜在好处。未来的研究将着眼于进一步减少训练所需的人机交互，如使用元强化学习，并通过数据增强和虚拟现实提高已掌握的策略的可靠性。

第5章

面向重构规划的人机协作制造系统任务分配优化[①]

5.1 引言

在工业4.0时代，生产模式逐渐从大规模定制向大规模个性化定制转变，对制造系统的柔性化、智能化提出了更高的要求。兼具灵活性和智能化的人机协作方式可以更好地应对生产任务波动。具体来说，基于人机协作的智能制造系统可以通过动态调整构形，即制造系统的重构来实现快速响应需求变化。此外，数字孪生是人机协作提高制造系统重构效率和准确性的关键推动因素，是无法忽视的内容。

可重构制造系统（Reconfigurable Manufacturing Systems，RMS）源于二十多年前美国密西根大学Koren教授围绕零件族进行系统设计来满足大规模定制阶段的生产需求。制造系统的重构能力可以分为两方面：可伸缩性和可转换性。制造系统的可伸缩性是指在整个生产过程中的生产产能调整，而可转换性则是指考虑特定零件族内的快速换产。随着市场需求越来越个性化，制造系统的转换能力也越来越重要。可重构机床（RMT）作为RMS的关键设备，是提高RMS转换能力的一个重要尝试。此外，黄思翰等还提出一个延迟重构的概念（Delayed-Reconfigurable Manufacturing Systems，D-RMS）来调控制造系统的转换能力并减少重构带来的负面影响。近年来，随着机器人技术的快速发展，人机协作赋予制造系统的柔性/重构能力变得越来越重要，可以

① 本章作者为黄思翰、黄铭、朱启章、王国新、阎艳，发表于*Journal of Manufacturing Systems* 2022年第65卷，收录本书时有所修改。

更有效地集成新的信息通信技术（如物联网、人工智能、大数据、数字孪生等），并提高重构的准确性，从而提高生产能力。然而，现有的人机协作研究更倾向于解决操作员与机器人之间的交互问题（如手势识别、信任度测量、流畅性评估等）。目前很少有研究关注生产任务波动引起人机协作制造系统构形变化的问题，特别是同时考虑操作员和机器人在完成协作任务过程中所体现出的不同特性。因此，提出一种面向重构规划的人机协作制造系统任务分配优化方法，围绕操作员和机器人的不同特性对人机协作过程进行动态任务分配优化，通过提升操作员和机器人之间的协作效率来提高制造系统的生产力。

5.2 研究现状

本节介绍RMS、制造系统中的人机协作及数字孪生制造系统三个方面的研究成果，以期为本章的论点提供依据。

5.2.1 RMS相关研究

在传统RMS的研究范畴中，最常见的重构方式是通过模块化和可集成性来调整生产能力，即使用标准的物理接口和软件接口进行模块的移除、替换和添加。Bortolini等提出了一种考虑辅助模块（Auxiliary Module）动态变化的优化模型来服务RMS动态管理的方法。Wang和Koren研究了基于机床调整的RMS伸缩能力规划方法。黄思翰等提出的D-RMS概念侧重于实现生产功能的快速转换。此外，机床级的模块调整（如RMT）也是实现RMS的重要途径。Wang等提出了一种基于决策树的RMT构形设计方法。Huang等研究了面向快速设计的RMT数字孪生模型构建及演化方法。Morgan等提出了智能RMT来迎合工业4.0的新要求。然而，模块化重构对于大规模个性化时代的多样性需求来说并不高效和具有成本效益，应该深度扩展重构理念，以探索更智能、更灵活的方式。协作机器人具有简单、快速和低成本重构的潜力，研究基于人机协作的制造系统重构方法对未来工业发展具有重要意义和必要性。

5.2.2 制造系统中的人机协作

近年来，以人为本的制造逐渐出现在未来工业的视野中，制造系统中的人机协作成为核心话题。Lu等提出了面向工业5.0的以人为本的制造系统框架及以人为本的人机协作框架，该研究的核心思想是在多目标优化过程中重点考量操作员的舒适度。Liu等探讨了基于赛博物理系统（CPS）的远程人机协作在危险制造环境中的应用。Li等指出主动人机协作是一种可预测的基于信息学的认知制造，可以用于预测时空合作和自组织团队协作。Matheson等对人机协作在制造业中的应用情况进行了综合分析和总结，并对人机协作的未来发展趋势进行深度探讨。此外，人—赛博—物理系统（HCPS）作为人机协作制造系统的关键使能技术，在实现以人为本的智能制造中也需要重点关注。Hashemi-Petroodi研究了人机混合协作制造系统的设计和控制，操作员和机器人在共享工作空间中执行分类任务（如手动、自动和混合任务）是重点。Ansari等从互补性的角度探讨了人与赛博物理生产系统（CPPS）之间的协作问题，即人的能力与CPPS自主性共同衍生出互补能力并互惠学习，重点关注解决人与CPPS之间的问题的主导条件等。

5.2.3 数字孪生驱动的制造系统与人机协作

数字孪生是Grieves教授在美国密西根大学的生产管理课中提出的，数字孪生的发展是工业4.0的标志性进步。在制造业领域，Tao等提出了基于五维模型的数字孪生车间，是工业4.0阶段的生产制造新范式。Liu等研究了数字孪生车间的调度问题，同时考虑特征、工艺和机床。Tao等对工业中涉及数字孪生的最新进展进行了总结。此外，数字孪生能够为制造系统重构赋能。Huang等构建了RMT的数字孪生以实现RMT构形的快速调整演化。Leng等研究了基于开放式架构模型的数字孪生驱动的制造系统快速重构方法。Cai等将数字孪生与AR结合，通过仿真优化制造系统构形。在数字孪生驱动的人机协作方面，Bilberg等讨论了一种面向对象的事件驱动的灵活装配单元的数字孪生，在考虑传统工作负荷平衡的情况下，在操作员与机器人之间进行基于技能的动态任务分配。此外，Lv等提出了基于数字孪生的人机协作装配框架，提高了整体装配效率并减少人的工作量，同时尝试优化机器人的轨迹，以保证人机协作装配的安全性。Kousi研究了基于数字孪生的人机协同装配线的设计和重构，但没有考虑操作员和机器人之间的不同特性。Liu等研究了基于增强现实的认知数字孪生驱动的人机协同装配，以促进对以人为本装配的认知。Shi等提出了一种基于5G通信网络的人机协作制造系统认知数字孪生框架。

由此可见，RMS是工业4.0时代智能制造的典型范式，数字孪生是提升智能制造效能的关键使能技术。机器人的引入和人机协作的出现，给制造系统的重构带来了新的研究主题。然而，一方面，现有RMS相关研究普遍忽视了机器人在重构过程中的积极作用；另一方面，人机协作的研究更侧重于操作员与机器人之间的意图识别和协作动作。到目前为止，考虑操作员和机器人之间不同特征的制造系统重构问题在现有文献中很少被提及，因此是本章需要重点解决的问题。

5.3 场景梳理与问题分析

典型的人机协作制造系统/单元可以由一台机床、一台机器人、一名操作员和其他必要的要素组成，通过有机协作共同完成特定的生产任务。数字孪生驱动的人机协作制造系统框架如图5-1所示。得益于物理空间和虚拟空间的高效数据传输，人机协作制造系统数字孪生可以高保真、实时地监控其运行状态，并有效地优化其生产过程。

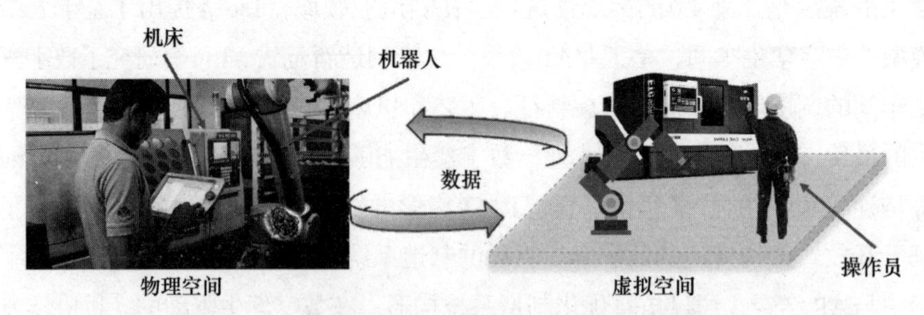

图 5-1　数字孪生驱动的人机协作制造系统框架

制造系统的核心使命是完成生产任务，这些生产任务可以根据某些特定规则（如机器特性、夹具等）分为几种操作任务，并分配给人机协作制造系统的机床、操作员和机器人来完成。其中，机床需要执行的操作是确定的，需要重点优化操作员和机器人直接的操作任务分配，即协作任务分配。操作员和机器人直接且不同的操作任务分配往往会形成不同的制造系统构形，无形中完成了制造系统的重构，如图 5-2 所示。

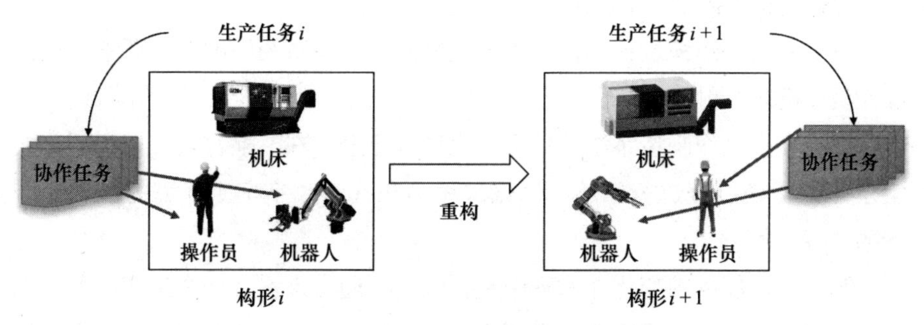

图 5-2　人机协作制造系统重构过程

考虑到人的因素和机器人的机器属性，操作员和机器人在完成特定工作时会表现出不同的效率和效果。换言之，操作员和机器人不一定擅长相同的工作。通常情况下，操作员更加擅长具有创造性的工作，而机器人擅长简单、重复性的工作。操作员和机器人之间的协作效率取决于生产任务分配结果，同时也决定了相应制造系统的生产效率。当生产任务发生变化时，应当重构人机协作制造系统以满足新的生产需求。如何制定操作员与机器人之间的生产任务分配方案是保证重构有效性的关键问题，本章通过考虑操作员和机器人不同的生产特性来优化生产任务分配过程。

5.4　人机协作任务分配优化

本节将围绕生产任务分配优化问题详细阐述人机协作制造系统的动态重构过程。首先，为了明确研究问题的边界，给出了必要的假设和定义；其次，考虑人机协作制造系统不同布局方式的成本变化、作业时间及操作员与机器人作业平衡构建多目标优化模型；最后，详细描述采用的多目标优化模型求解算法。

5.4.1 假设和定义

为了提出一个简单且有深度的多目标优化模型，对人机协作制造系统的动态重构过程进行了以下假设。

（1）在优化建模过程中，只考虑人机协作制造系统中的关键要素，包括操作员、机器人和机床。

（2）人机协作制造系统的数字孪生环境已经存在。换言之，本章不对数字孪生的构建过程进行阐述，优化过程是在既有数字孪生环境的基础上进行的。

（3）生产任务的变化在本章中是已知的。通常来说，一个生产任务可以分为几种操作任务。为了方便分析，可以对操作任务进行合理分类。本节将围绕操作员及机器人的特点进行操作任务分类。具体来说，操作任务可以分为三类：①只能由操作员执行的操作任务（用字母O表示）；②只能由机器人执行的操作任务（用字母R表示）；③操作员和机器人都可以执行的操作任务（用字母B表示）。上述三类任务的关系如图5-3所示。操作员擅长处理复杂且富有创造性的操作任务，并且这些任务只有操作员才能完成，这些工作超出了机器人的能力范围，而机器人更擅长执行简单和重复性的操作任务。此外，一些操作任务只能由机器人完成（如危险环境、有害污染等）。

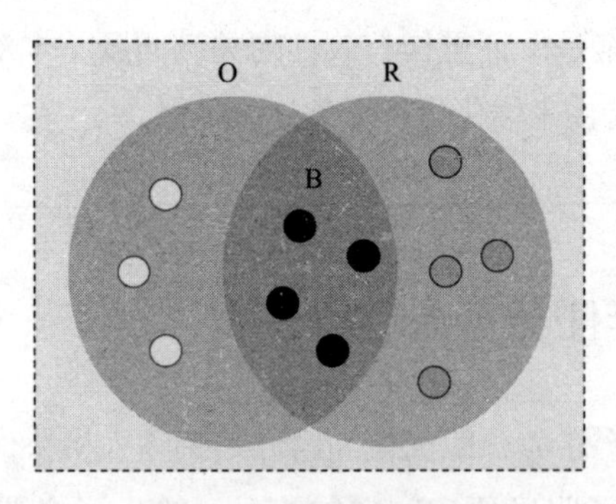

图 5-3　操作任务划分

（4）布局重构优化是围绕三种操作任务的合理分配来实现的。

（5）生产任务动态优化是一个迭代过程。动态重构优化模型可以根据生产任务变动给出动态的制造系统布局方式。

（6）一个生产任务和相应的操作任务应该全部在指定的制造系统中完成。

（7）分配给操作员的操作任务有上限。由于人类存在生理层面的限制，因此操作员无法完成无限多的操作任务。

输入变量及其含义如表5-1所示。

表 5-1　输入变量及其含义

符　号	含　义
O	必须由操作员完成的生产任务类型子集
R	必须由机器人完成的生产任务类型子集
B	人机协同完成的生产任务类型子集
N	操作任务类型总数
C_i^o	操作员完成单项操作任务 i 的成本投入
C_i^R	机器人完成单项操作任务 i 的成本投入
λ_i	决策变量，用于确定将协作任务分配给操作员或机器人
μ	条件函数，计算分配给操作员的子任务数
Taskmax	操作员生产任务类型疲劳上限，约束操作员分配到的任务量
Mass	无量纲大数，当操作员的任务超过上限时，目标函数值发生数量级变化
Makespan	最长完工时间
V	操作员与机器人协作过程的空闲时间
T_R	必须由机器人完成的操作任务类型的生产用时
T_B^R	协作任务中机器人的生产用时
T_O	必须由操作员完成的操作任务类型的生产用时
T_B^O	协作任务中操作员的生产用时
T_i^R	机器人完成单项操作任务类型 i 的时长
T_i^O	操作员完成单项操作任务类型 i 的时长
D_i	操作任务类型 i 的数量
λ_i	决策变量，标记分配给操作员或机器人的操作任务。$\lambda_i = \begin{cases} 1, \text{分配给机器人的操作任务} \\ 0, \text{分配给操作员的操作任务} \end{cases}$

5.4.2　优化问题数学模型

人机协作制造系统动态重构数学模型包含最小化生产成本、最小化最长完工时间和最小化人机空闲程度三个优化目标，见式（5-1）、式（5-2）和式（5-3）。此外，相应的约束见式（5-4）～式（5-10）。

Minimize

$$C=\sum_{i\in O}D_iC_i^O+\sum_{i\in R}D_iC_i^R+\sum_{i\in B}D_i\,[C_i^R\lambda_i+C_i^O\,(1-\lambda_i)\,\mu] \tag{5-1}$$

$$\text{Makespan}=\max\,(T_R+T_B^{\ R},T_O+T_B^{\ O}) \tag{5-2}$$

$$V=|\,(T_R+T_B^{\ R})-(T_O+T_B^{\ O})\,| \tag{5-3}$$

$$O+R+B=N \tag{5-4}$$

$$O\cap R=\varnothing \,\&\, O\cap B=\varnothing \,\&\, B\cap R=\varnothing \tag{5-5}$$

$$T_R=\sum_{i\in R}D_iT_i^R \tag{5-6}$$

$$T_O=\sum_{i\in O}D_iT_i^O \tag{5-7}$$

$$T_B^{\ R}=\sum_{i\in B}D_iT_i^R\lambda_i \tag{5-8}$$

$$T_B^{\ O}=\sum_{i\in B}D_iT_i^O(1-\lambda_i)\,\mu \tag{5-9}$$

$$\mu=\begin{cases}1, & \left(\sum_{i\in O}1+\sum_{i\in B}(1-\lambda_i)\right)\leqslant \text{Taskmax}\\ \text{Mass}, & \text{其他}\end{cases} \tag{5-10}$$

第一个目标旨在将人机协作执行操作任务的总成本降至最低，见式（5-1）。式（5-1）的第一项表示仅应由操作员完成的操作任务的总成本，第二项表示仅应由机器人完成的操作任务的总成本，第三项表示操作员和机器人都可以完成的协作任务的总成本。此外，利用第三项中的μ算子来计算分配给操作员的操作任务有多少种，包括分配给操作员的仅由操作员完成的操作任务和人机协作任务，如果分配给操作员的任务数量超过式（5-10）的上限 Taskmax，则采用惩罚机制。

第二个目标旨在通过布局重构优化将完成指定生产任务的最长完工时间降至最小，见式（5-2），即最小化 Makespan。式（5-2）第一项表示必须由机器人完成的操作任务和分配给机器人的人机协作任务的总作业时间，第二项表示必须由操作员完成的操作任务和分配给操作员的人机协作任务的总作业时间。当新的生产任务到来时，操作员和机器人将同时开始工作，因此本文将操作员或机器人的最长完工时间记为Makespan。

第三个目标是解决操作员和机器人协作完成生产任务时潜在的空闲问题，见式（5-3）。操作员和机器人的完工时间可能不同，从而导致机器人或操作员某一方存在闲置时间，制约了生产效率的提升。事实上，类似于生产线平衡，随着闲置时间的不断缩小，生产效率也会越来越高。具体来说，用操作员和机器人之间完工时间差的绝对值表示空闲时间，如图5-4所示。

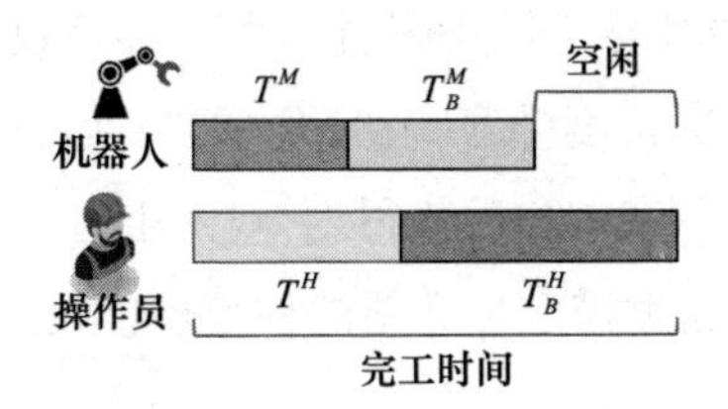

图 5-4　空闲时间的计算

优化问题数学模型具有如下必要约束，见式（5-4）~式（5-10）。式（5-4）表示必须由操作员或机器人执行的操作任务与协作任务的总和，保证所有操作任务都参与分配。式（5-5）表示必须由操作员执行的操作任务集、必须由机器人执行的操作任务集和人机均可完成的协作任务集的交集为空集，即每个操作任务只参与一次分配。式（5-6）和式（5-7）分别计算必须由机器人和操作员执行的操作任务各自的完工时间。式（5-8）和式（5-9）分别计算分配给机器人和操作员的协作任务各自的完工时间。

5.4.3　优化模型的求解算法

上述优化模型求解是典型的多目标优化（MOO）问题。进化算法（如NSGA、NSGA-II等）、禁忌搜索、粒子群优化等都是适用于MOO问题求解的算法。使用NSGA-II算法可以降低非劣质排序遗传算法的复杂度，具有较高的计算效率和良好的收敛性，是近年来最流行的MOO问题求解算法。因此，上述优化模型求解将使用NSGA-II算法。

NSGA-II算法执行的典型流程包含以下6个主要步骤。

（1）编码。NSGA-II染色体表示操作任务分配的解，这是由操作员或机器人标记的操作任务类型的组合，也就是协作因子组合形成染色体。图5-5表示将第1、第3、第4和第6个操作任务类型分配给操作员，并将剩余操作任务类型分配给机器人。尽管操作任务类型使用数学集表示，但为了便于计算分析，会预先将需要执行的操作任务进行排序。

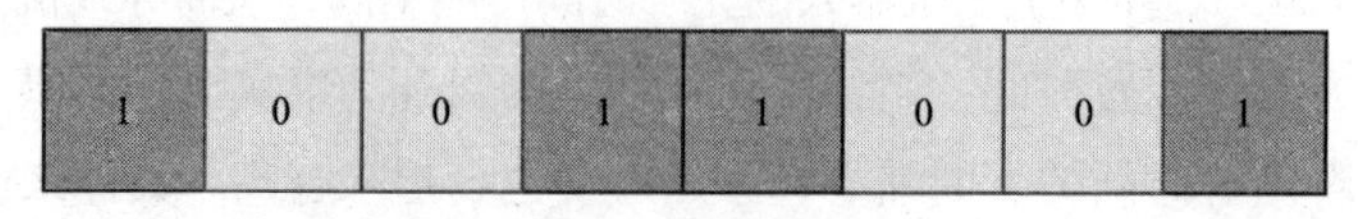

图 5-5　NSGA-II 染色体示例

（2）种群初始化。初始种群是随机生成的，涉及Q个染色体。

（3）非支配排序和拥挤度排序。初始种群根据每个个体的非劣等解的等级分为几个层次。当合并亲本和后代得到2Q大小时，种群大小应修改为Q。当包括特定前沿时，拥挤度排序导致新的种群规模超过Q。图5-6为非支配排序和拥挤度排序过程。

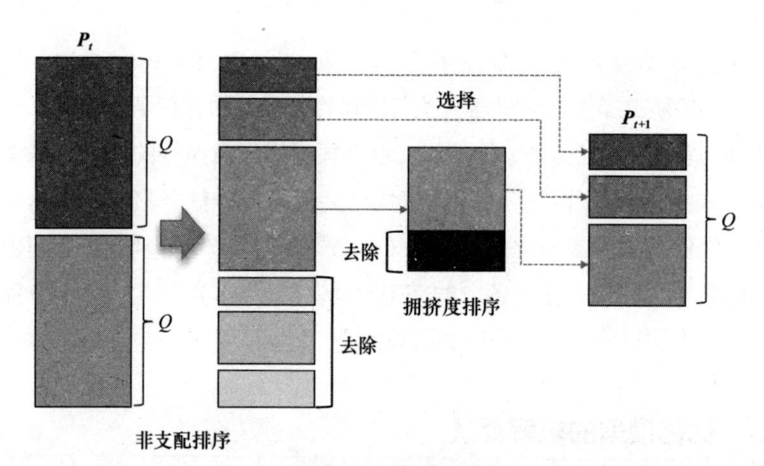

图 5-6　非支配排序和拥挤度排序过程

（4）终止条件。如果达到最大迭代次数，则终止优化过程，将此时的结果看作帕累托最优解；否则，将继续执行下一步。

（5）生成子代种群。通过选择、交叉和变异生成子代种群，如图5-7所示。首先，采用锦标赛方式选择，基于非支配排序和拥挤度排序，从父代群体中随机选择两个个体。其次，使用二进制交叉算子随机确定交叉位置。最后，多项式变异算法用于随机改变父代染色体的特定基因。

（6）合并父代种群和子代种群。合并父代种群和子代种群后可以得到一个大小为2Q的新种群。重复执行步骤（3），对新种群进行快速非支配排序。

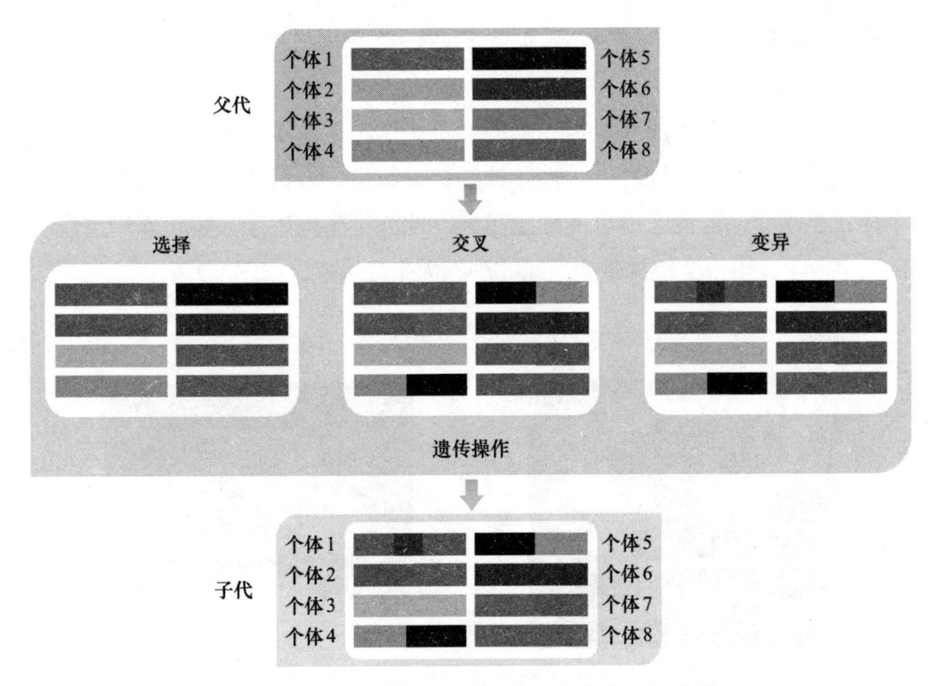

图 5-7　通过选择、交叉和变异生成的子代种群

使用NSGA-II算法进行人机协作制造系统动态重构优化的流程图如图5-8所示。

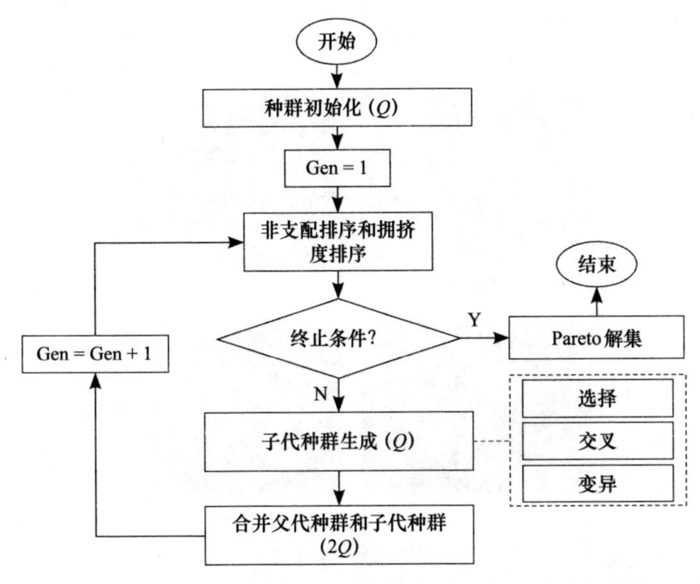

图 5-8　使用 NSGA-II 算法进行人机协作制造系统动态重构优化的流程

5.5　案例分析

本节将重点介绍面向重构规划的人机协作制造系统作业任务分配优化方法的实现过程，以验证其有效性。该制造系统由一台机床、一台机器人和一个操作员组成，形成了典型的加工单元。此外，还构建了人机协作制造系统的数字孪生，用于监控其生产活动并动态优化其构形，如图 5-9 所示。

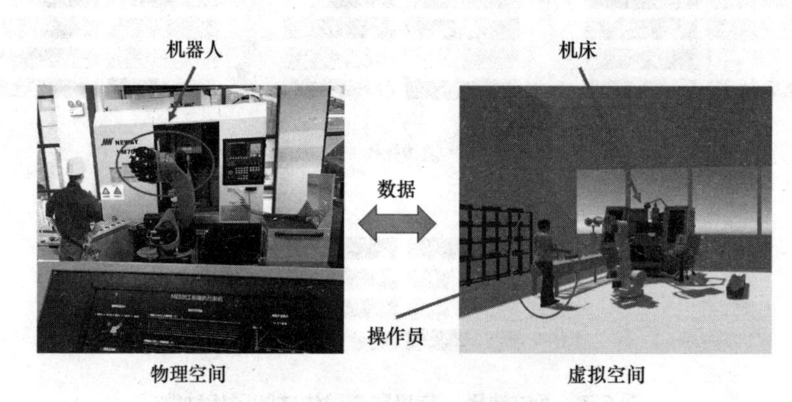

图 5-9　人机协作制造系统的数字孪生

人机协作制造系统围绕给定的零件族加工需求进行构建。零件族如图 5-10 所示。相应的生产任务信息如表 5-2 所示，其中给出了操作任务的详细信息。操作任务名称后面的数字分别表示操作任务的编号，主要是为了方便计算。

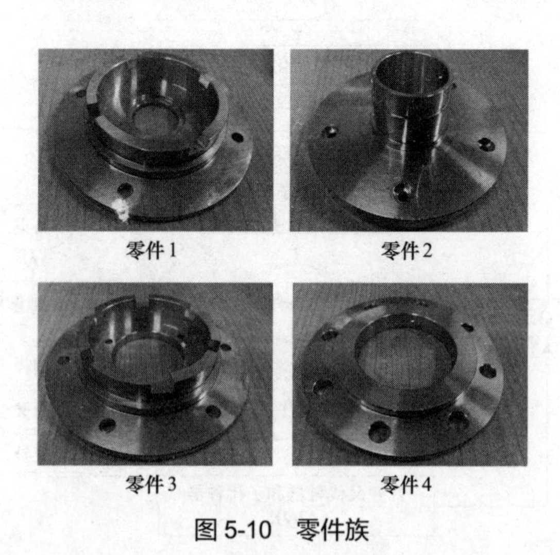

图 5-10　零件族

表 5-2　生产任务信息

零　件	数　量	操作任务
零件1	15	从AGV卸货（1）；工作空白检查（2）；上货至机床（3）；夹具部分（4）；更换工具（5）；NC编程（6）；从机床卸货（7）；去毛刺（8）；清洁（9）；检查（10）；上货至AGV（11）
零件2	25	
零件3	20	
零件4	40	

考虑操作员与机器人的不同特点，将操作任务分为三种类型，包括只能由操作员完成的操作任务、只能由机器人完成的操作任务和人机均可完成的协作任务，如表5-3所示。此外，根据表5-2，每个操作任务的总数量均为100个。

表 5-3　给定操作任务的分类

操作任务编号	只能由操作员完成	只能由机器人完成	人机均可完成
1			√
2	√		
3			√
4			√
5			√
6	√		
7			√
8			√
9		√	
10			√
11			√

表5-4给出了基于操作任务分类的成本和时间。此外，预设优化过程所需的信息，令Taskmax = 5、Mass = 100。

优化解决方案将使用NSGA-II算法进行计算获得。预设NSGA-II算法的必要参数，令初始种群大小为80、最大迭代次数为50。计算过程基于MATLAB R2021a平台，使用具有2.3GHz CPU、16GB RAM的笔记本电脑执行。收敛过程如图5-11所示，采用拥挤度排序均值和拥挤度排序方差来跟踪收敛过程。

表 5-4　操作任务的成本及时间

操作任务类型	操作任务编号	操作成本 / 元		操作时间 / 分	
		操 作 员	机 器 人	操 作 员	机 器 人
只能由操作员完成	2	12		1	
	6	40		4	
只能由机器人完成	9		10		1.5
人机均可完成	1	24	10	2.5	2
	3	36	25	3	2
	4	24	15	2	1
	5	60	45	5	3.5
	7	36	25	3	2
	8	24	15	2	1
	10	12	10	1	0.5
	11	24	10	2.5	2

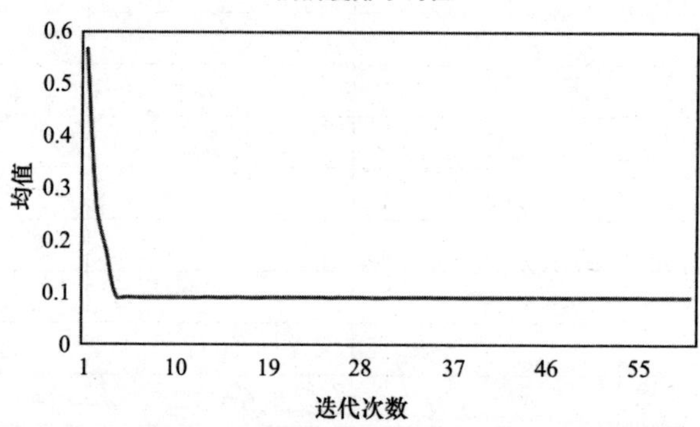

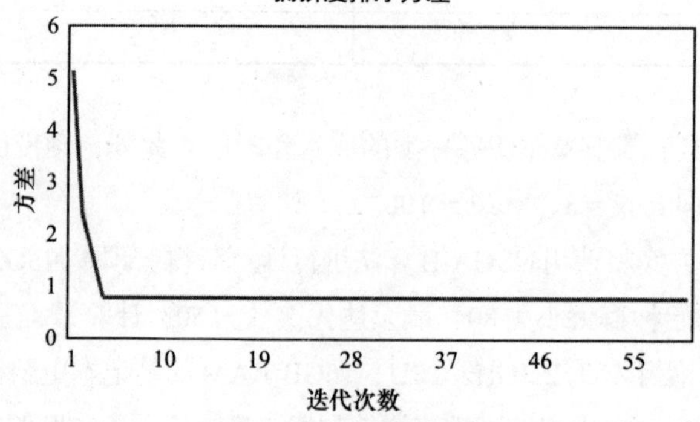

图 5-11　收敛过程

收敛时可以得到帕累托最优解，如图5-12所示。使用三个目标作为帕累托正视图的轴，其中等级1、等级2和等级3用不同的深浅颜色标记。

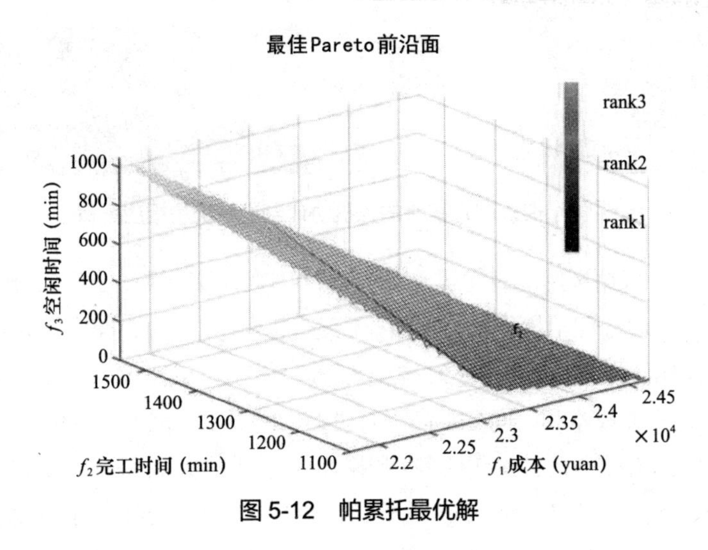

图 5-12　帕累托最优解

从图5-12的等级1中随机选择两个最优解，相应的目标值和操作任务分配如表5-5所示。

表 5-5　随机两个最优解方案

方　　案	成本 / 元	最长完工时间 / 分	空闲时间 / 分	操作任务分配	
				操 作 员	机 器 人
1	24700	1100	0	1, 2, 6, 10, 11	3, 4, 5, 7, 8, 9
2	23400	1150	50	2, 5, 6, 10	1, 3, 4, 7, 8, 9, 11

根据选择的最优解方案1，将操作任务1、操作任务2、操作任务6、操作任务10、操作任务11分配给操作员，将操作任务3、操作任务4、操作任务5、操作任务7、操作任务8、操作任务9分配给机器人。由于操作任务2和操作任务6只能由操作员完成，因此在不超过操作员总操作任务上限（Taskmax = 5）的情况下，将另外三个操作任务分配给操作员。此外，操作员和机器人之间的空闲时间为零，这表明操作员和机器人之间的协作效率良好。人机协作制造系统的相应配置如图5-13所示。

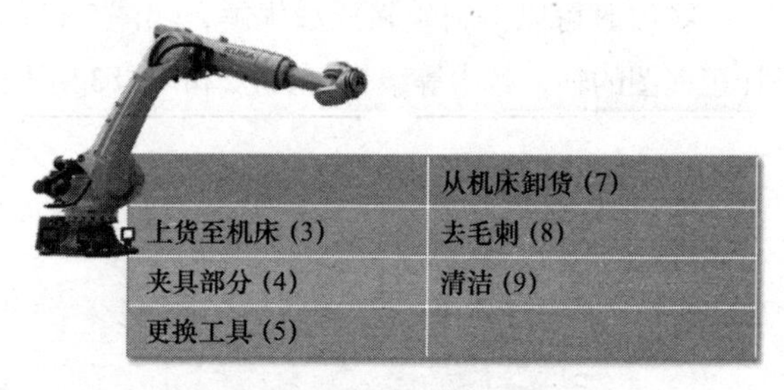

图 5-13　最优解方案 1 的人机协作制造系统的相应配置

同样地，根据选择的最优解方案2，将操作任务2、操作任务5、操作任务6、操作任务10分配给操作员，将操作任务1、操作任务3、操作任务4、操作任务7、操作任务8、操作任务9、操作任务11分配给机器人。由于操作任务5对操作员的操作成本和时间要求高于对机器人的要求，因此与最优解方案1相比，使用操作任务5代替操作任务1和操作任务11，以获得操作员和机器人之间相对平衡的工作量是合理的。此外，该最优解方案中操作员的技能切换较少，有4个操作任务，这将提高操作员的工作效率。人机协作制造系统的相应配置如图5-14所示。

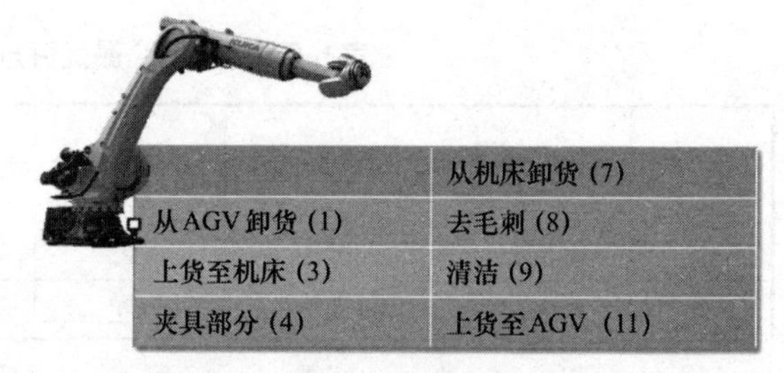

图 5-14　最优解方案 2 的人机协作制造系统的相应配置

此外，人机协作制造系统数字孪生可用于模拟虚拟空间中不同解决方案的有效性。根据仿真结果可以对人机协作制造系统进行动态重构决策。最后，在物理空间中人机协作制造系统将通过数据传输接收来自虚拟空间的重构方案，并在操作员和机器人之间正确分配新生产任务的操作任务，如图5-15所示。

图 5-15　基于数字孪生的重配置验证过程

5.6　总结

数字孪生驱动的人机协作制造系统是智能制造快速、高效应对生产任务波动的典型范式，基于操作员与机器人之间的任务动态分配，可以对人机协作制造系统布局进行重构调整，从而提高生产效率。此外，由于物理空间与虚拟空间和高保真虚拟模型之间可以无缝数据传输，数字孪生可用于监控生产过程并提高重构准确性。

优化人机协作制造系统的重构过程的任务分配是关键问题，应关注操作员和机器人的不同特点，以确保重构后的生产效率。因此，本章提出一种基于数字孪生的人机协作制造系统动态重构过程的任务分配优化方法。首先，构建人机任务分配多目标优化模型，探索操作员与机器人之间的最佳操作任务分配方案，包括最小生产成本、最短完工时间和最小空闲时间。特别地，在优化建模时，考虑操作员与机器人的不同特性。其次，使用NSGA-II算法求解所构建的优化模型。最后，通过案例验证所提出的基于数字孪生的智能制造系统动态重构优化方法的可靠性。案例分析结果表明，所提方法能够将操作任务合理地分配给操作员和机器人，从而合理调整人机协作制造系统的布局。不过，本章所考虑的制造系统场景仅涉及一台机床、一名操作员和一台机器人，为了让研究更具代表性和具有更好的应用前景，未来将研究更复杂的制造场景。此外，操作员和机器人的其他因素也会影响优化结果，这也是未来工作的重要研究方向。

第6章

融合深度学习和注意力机制的人机协作装配作业过程感知方法①

6.1 引言

随着工业自动化水平的不断提高，生产制造也逐渐迈向自动化、智能化。当前，工业机器人、协作机器人等在制造场景中广泛应用，极大地提高了生产效率。进一步地，在新一代信息通信技术赋能下，机器人越来越智能，能够跳脱出传统仅执行简单、重复性的体力劳动，逐渐在一些复杂、柔性的生产制造场景中成功实践。当然，机器人的进化程度还不足以完全替代人类在生产制造中所能发挥的作用，因此，在未来很长一段时间内，操作员和机器人在制造场景中共存将是主流。

装配作业是生产制造中举足轻重的环节，对实现产品的设计功能和性能具有决定性作用。装配工艺复杂、精细化操作多，现实生产过程中往往存在大量的手工作业，自动化水平较低。协作机器人的出现，为人机协作完成装配作业，提升装配过程的自动化、智能化水平提供了可行路径。面向装配场景的人机协作作业引起了国内外研究人员的广泛关注。

随着人工智能、机器学习、计算机视觉和自然语言处理等技术的快速发展，越来越多的研究者和企业发现人机协作这个领域可以很好地和这些新技术有机地结合在一起。有了这些新技术的支持，人机协作技术才能从机械被动式向主动式转变。目前人机协作领域有许多技术路线，其中可穿戴设备和

① 本章作者为黄思翰、陈建鹏、王国新、阎艳，已被《机械工程学报》录用，收录本书时有所修改。

计算机视觉识别技术是两条比较主流的技术路线。

在可穿戴设备方面，Pang 等人以提升协作机器人的力感能力为目标，研制了一种具有柔性、变刚性和灵敏度的协作机器人皮肤，保障机器人与人一起工作时的安全性。Buerkle等人使用移动脑电图检测HRC中潜在的紧急情况，防止机器人掉落工件或粉碎组装件。Uzunovic 等人介绍了一种基于任务的机器人控制系统，该系统可以有效接收人类活动信息和机器人信息。利用机器学习模型，根据19个可穿戴传感器的数据，识别出汽车装配环境下的10个人的活动状态，进而可以推理出人的操作状态和意图。但是可穿戴传感器价格昂贵，并且可能导致工人操作不便。另外，各种VR、AR设备也在人机协作的环境中得到了很多应用。Xie等人开发了一种基于VR的界面，可以允许操作员在虚拟环境中为机器人设置磨削任务。Hietanen等人则进一步开发了一个AR环境，展示了机器人控制按钮、安全区域和机器人状态，可以在AR环境中与机器人进行协作。但是基于AR和VR的人机协作的模式是人的命令的直接输出，人用命令去控制协作机器人，而不是机器人主动去理解人的行为和操作状态，是被动式的人机协作，难以实现更深层的人机共融。

在计算机视觉方面，Chen等人利用YOLOv3算法检测装配动作识别工具，利用卷积位姿机估计重复装配动作的位姿和操作时间。他们在三个装配动作上测试了这个算法，这三个动作分别是灌装、锤击和拧螺母。他们使用动作曲线的周期来估计操作时间，而不是进度或剩余的操作时间。该工具的动作识别对装配过程的监控效率很低，因为不同的任务可能需要相同的工具。他们还采用了全卷积网络对图像进行深度分割，以便从组装的产品中识别出不同的零件进行装配序列检测。Wang等人采用更快的R-CNN算法来识别与特定任务相关的装配部件，准确率达到99%。两阶段目标检测算法在精度上取得了良好的结果，但速度有限，在人机协作装配场景中往往难以满足实时检测的要求。

无论是基于可穿戴设备，还是基于计算机视觉对人的动作或对人正在操作的零部件、工具的识别，都是试图利用先进的设备或算法对整个人机协作环境进行感知和理解。现有人机协作研究中缺乏对整个人机协作的设计、理解、验证、实施的闭环体系。另外，还没有建立人机相互理解、密切的协同关系，人、机之间的协作大多是命令式的，即人发出指令，机械臂执行人的指令。而高效的人机共融模式应该是机械臂主动理解人的需求，进而进行主动、安全、高效的协作。因此，一种人的装配作业过程感知方法被提出，使用基于深度学习和注意力机制融合的方法对装配过程的状态进行精准感知，为实现人机自主协同装配作业奠定关键基础。

6.2 人机协作装配场景

长期以来，人们一直期望工业机器人在快速自动化装配系统和人机协作制造环境中可以作为工人的操作助手。在工业案例和应用场景中，需要针对装配任务的需求去设计人机协作的模式。已经有大量的文献对人机协作进行了系统的分析和分类。人机协作的装配场景可以大致分为以下几类。

（1）操作员和机器人在共享工作空间中协作。共享工作空间意味着机器人与人之间存在密切的空间关系，以实现本地人机协作。例如，大型工件的处理，自然需要在同一个地点同时进行操作。

（2）混合式协作。工业人机协作单元可以分为单个、多个和团队设置，机器人和操作员可以被视为代理。多个人机协作单元组成一个协作的群体，并通过单一或多模态控制命令（手势、语音和触觉等）与环境和其他人机协作单元进行交互。例如，多机器人由操作员触觉控制或引导，以完成指定的协作制造任务。

（3）高度自主性的操控执行模式。高度自主性的操控执行模式使得操作员和机器人拥有足够的自主操作性，可以在没有环境或其他代理的直接指令或干预的情况下自行操作和行动；机器人和操作员可以在动态环境中（重新）分配决策者/执行者角色，机器人可以自动改变预先计划的任务以与操作员协作，并且可以实时感知和检测操作员的意图。

本节介绍的案例场景如图6-1所示，场景的操作任务为人机协作装配单元。场景中远端的传送带负责传送装配所需的零部件，操作员身边的传送带用于传输装配完成的产品。操作员的装配作业在工作台上进行。储物架储存装配所需的工具，桌面上暂存装配所需要的零部件。机械臂的任务为进行零部件、工具的搬运和传递。为了人机协作的高效率和安全性，为操作员和机器人划分操作区域，分别为操作员作业区（只有操作员进行作业）、机器人作业区（只有机器人进行作业）和人机协作区（人机共享工作区域）。

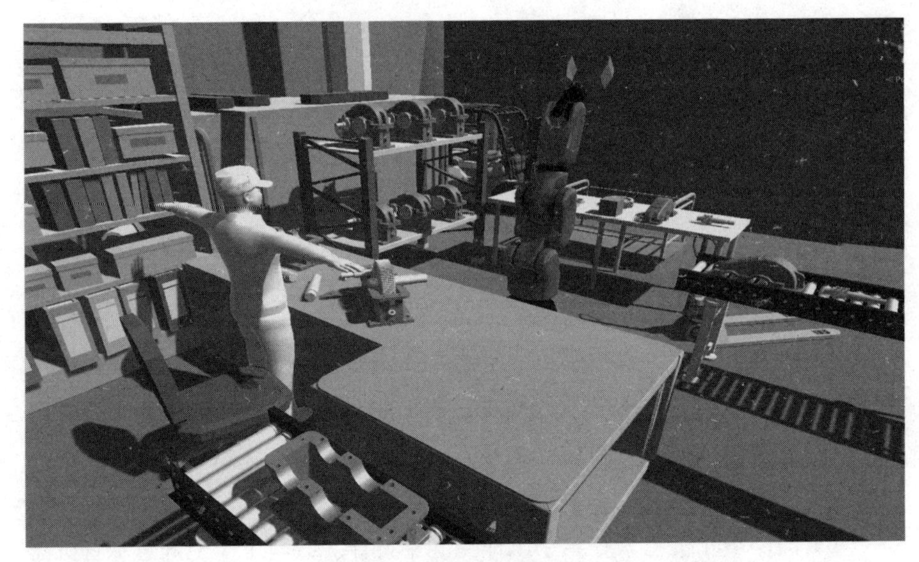

图 6-1 人机协作装配场景

我们期望这种人机协作模式可以实现主动式的人机协作，即通过感知操作员的装配步骤来进行下一步操作的决策，机器人依据此决策来预测操作员的操作意图，主动协助操作员进行产品的装配作业。这种人机协作的充分结合发挥了机器人和操作员在制造业中的优势。在这种新型的人机协作制造场景中，关键在于准确识别操作员的装配状态，并以此来预测与识别操作员的操作意图。

6.3 基于迁移学习和YOLO识别算法的装配零部件感知

6.3.1 YOLO识别算法

在人机协作装配场景中，操作员正在操作的零部件蕴含着许多流程信息，关键零部件出现的次序的组合可以作为感知操作员操作状态的关键信息。因此，在装配场景中有效识别关键零部件的类别和数量，对人机协作状态的感知具有重要意义。

人机协作装配场景环境复杂，环境变化速度快，并且不同产品的关键零部件种类也不同，更新迭代快。这时需要一种实时性高、识别效果好、抗干扰能力强的关键零部件识别算法，并且需要建立一个计算资源成本低、时间耗费少的模型训练方法。

图像目标检测算法是计算机视觉领域的重要研究方向，其应用广泛，包括人机交互、自动驾驶、视频监控等领域。高性能的目标识别算法可以在装配复杂的环境中高效地识别有助于感知装配状态的关键信息（装配零部件等）。在目标识别领域有许多识别算法，如YOLO（You Only Look Once）、Faster R-CNN、SSD、RetinaNet等。

YOLO识别算法是单阶段目标检测算法的代表，它所具备的许多优势与人机协作装配环境相适应。YOLO识别算法可以在对装配环境中的目标零部件进行分类的过程中，同时获取目标所在的位置，相较于多阶段检测的R-CNN等算法，节省了大量的时间，实时性更高。本节使用YOLO V7识别算法进行人机协作装配零部件识别。其检测的原理大概如下。

（1）将输入的图像分为S × S个网格。

（2）对于每个网格，预测出其中是否存在一个物体，以及物体的类别和位置。

（3）对于整张图像，根据每个网格的预测结果，利用非极大值抑制（NMS）算法去除重复的预测项。

本节使用的YOLO V7识别算法有以下几个优势。

（1）实时性。由于将对象检测问题转换为回归问题，因此YOLO V7识别算法可以在一张图像上同时检测多个对象，检测速度很快，可以达到实时处理的效果。

（2）精度高。YOLO V7识别算法可以在较小的目标上取得比较好的检测效果，并且可以检测出物体的边缘和角点等细节信息。

（3）端到端。YOLO V7识别算法可以直接将原始图像作为输入，直接输出物体的类别和位置信息，没有其他复杂的前处理或后处理过程，因此更加简单高效，利用较少的算力即可实现较好的检测效果。

（4）高鲁棒性。由于YOLO V7识别算法在整张图像上进行检测，因此对于遮挡、视角变化等情况有一定的鲁棒性，不容易受到外界因素的干扰。

本节使用的YOLO V7识别算法模型的网络结构如图6-2所示，主要由两部分组成：50层主干（Backbooe）网络和50层头部（Head）网络。主干网络部分负责对输入的图像进行特征提取，输出三种大小不同的特征图。在主干网络中，主要有ELAN、CBS、MP三个模块。ELAN模块是YOLO V7模型的主要改进点，可以有效增强网络的特征学习能力；CBS模块通过卷积、激活函数和归一化的组合高效提取图像特征；MP模块对图像结果进行最大池化和卷积降维，高效传递特征信息。而在头部网络中，主要通过池化和卷积来处理特征信息，从而实现目标位置的确认和种类的分类。在进行多层的图像处理、特征提取和特征处理后，YOLO V7模型与其他目标检测器相比，展现出非常强的精准性和实时性，但是深层的网络训练需要更多的训练数据和计算资源，这在人机协作装配场景中有一定的局限性，一旦装配新产品，就需要花费更多的时间去训练一个目标检测器，给产线的生产带来不便。

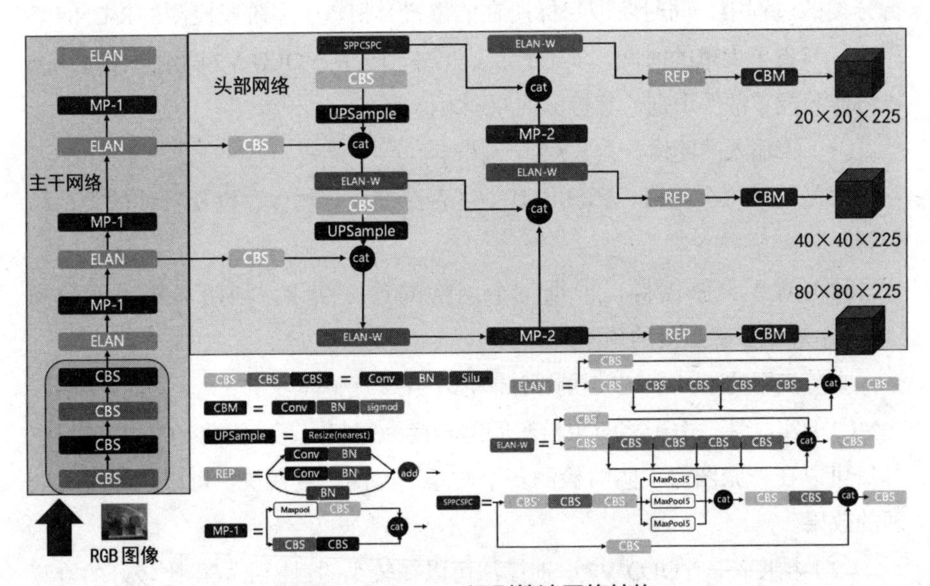

图 6-2　YOLO V7 识别算法网络结构

6.3.2　基于迁移学习的YOLO感知模型定制

在人机协作装配场景的目标识别任务中，预训练权重对于不同的数据集是通用的，因为许多关键零部件的特征是通用的。一般来讲，从零开始训练效果会很差，因为权值太过随机，特征提取效果不明显，前期的函数损失可能会非常大，并且多次训练得到的训练结果可能相差很大，需要较大型的数据集，花费更多的计算资源和时间。然而，这对快速部署一个新产品装配零件是十分不利的，因此使用迁移学习的方法来加快模型的训练，使得模型可以快速收敛到令人满意的效果。迁移学习（Transfer Learning）就是在自己训练数据不够充足的情况下，把预训练的模型网络权重作为初始权重来进行新模型的训练，加快模型收敛速度，减少计算资源。迁移学习网络如图6-3所示。

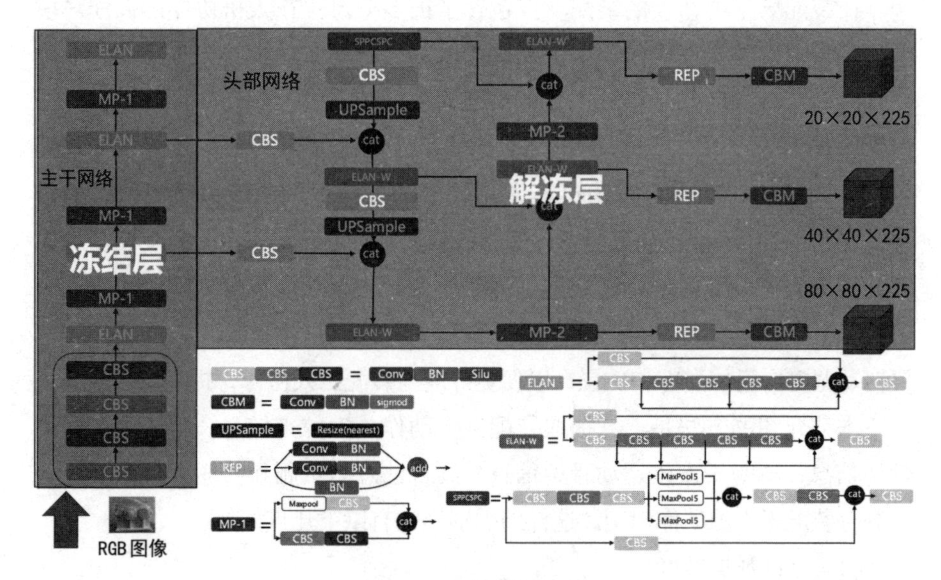

图 6-3　迁移学习网络

本节在人机协作装配操作的状态识别背景下，将迁移学习应用于预先训练的YOLO V7模型上进行关键零件的识别。使用YOLO V7、YOLO V7X、YOLO V7E6模型对数据集进行训练，比较模型的性能，发现YOLO V7模型的精确度更佳。本节将预训练模型中获得的权值作为训练的初始权值。在YOLO V7模型中，主干网络作为特征提取器，头部网络则定位包围框并对每个框中的对象进行分类。

在模型训练的过程中对模型的主干网络进行冻结训练。在目标检测模型中，主干网络主要负责图像特征的提取，头部网络主要负责对图像特征的回归预测并最终实现分类。因此，预训练模型中的主干特征提取部分所提取的特征是通用的，不仅对头部网络进行训练，还利用提取到的特征来实现关键零部件的分类。所以，把主干网络冻结起来训练可以加快训练效率，也可以防止权值被破坏。在冻结阶段，模型的主干被冻结了，特征提取网络不发生改变，占用的显存较小，仅对头部网络进行微调。

6.4 长短期记忆神经网络与注意力机制结合的装配动作感知

在装配场景中，人的装配动作包含了很多信息。在人机协作的装配环境下，要想识别和推理装配工人的实时需求，进行高效的人机自主协作，准确识别装配工人的动作是十分重要的，因为装配工人的装配动作可以提供意图识别中关键的上下文信息，从而帮助我们识别和理解装配工人的意图。识别装配工人的实时动作可以为机器人和后台的意图识别系统提供更准确的信息，以帮助装配工人更好地执行任务。通过对装配工人动作的精确检测和推理，机器人可以更好地推断装配工人想要做什么，从而更好地响应和配合。另外，基于识别到的装配动作信息，机器人还可以根据装配工人的动作和位置自动调整自己的姿态和位置，以便更好地与装配工人协作，提高协作效率。

本节介绍的方法是，先提取装配工人动作关键位点信息，组成人体运动骨架信息，再基于人体运动骨架信息，结合注意力机制和长短期记忆神经网络进行装配工人的动作识别。这样的识别模式有以下几点好处。

（1）降低数据维度。

提取装配工人动作关键位点信息可以将复杂的人体运动过程转换为一个简单的数据集，从而降低数据维度，使数据更易于处理和分析。

（2）提高预测精度。

关键位点信息包含装配工人运动的重要信息，包括身体的姿态、运动方向和速度等。利用这些信息可以更精确地预测装配工人的运动和动作。

（3）减少计算资源。

相较于直接处理视频数据，提取装配工人动作关键位点信息可以减少计算资源的需求。这是因为视频数据通常包含大量的冗余信息，而提取关键位点信息可以去除这些冗余信息，减少计算量。

（4）提高实时性。

利用关键位点信息可以实时地预测装配工人的运动和动作。这是因为关键位点信息可以通过较少的计算量来处理，从而提高了实时性。

（5）抗干扰性强。

因为识别过程只关注装配工人的关键位点信息组成的人体运动骨架信息，所以繁杂的背景不会干扰机器人识别装配动作。

6.4.1　基于MEDIAPIPE的装配动作关键位点信息提取

MEDIAPIPE是一种高效的图像实时处理框架，如图6-4所示。它包含一系列预训练的机器学习模型，如姿势骨架、面部识别、手部跟踪等多个模块，可以快速构建和部署图像处理应用，有高度的可移植性和优越的性能。

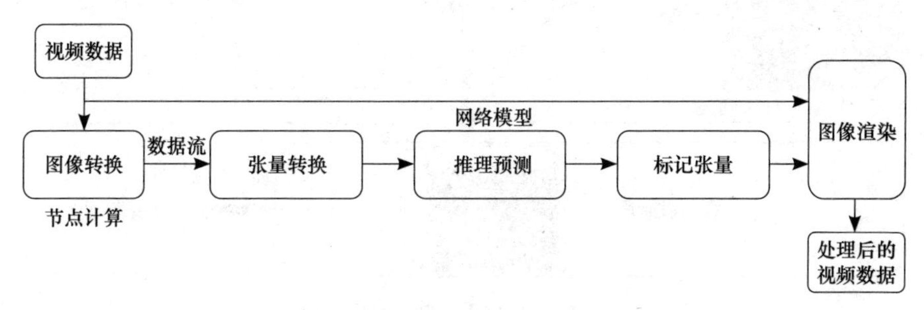

图 6-4　MEDIAPIPE 框架

手部跟踪关键位点信息代表操作过程中装配工人的手势，包含装配工人装配的动作细节。姿势骨架关键位点信息代表操作过程中装配工人的躯干信息，包含装配工人装配工作的整体信息。面部识别关键位点信息则代表操作过程中装配工人的面部位置、朝向等信息，包含装配工人的注意力等信息。

6.4.2　作业动作感知模型构建

为了准确识别装配工人的动作，构建了一个基于长短期记忆神经网络（Long Short-Term Memory，LSTM）的动作识别神经网络，用于处理序列数据，其结构如图6-5所示。动作识别神经网络结构主要包括三层LSTM，可以有效捕捉和处理输入序列数据中的长距离依赖关系。LSTM是一种循环神经网络，特点是其细胞结构可以储存长期信息，并通过三个“门”来控制信息的流入和流出。

LSTM由Hochreiter和Schmidhuber开发，是一种特殊的循环神经网络（Recurrent Neural Network，RNN），被广泛用于序列数据的处理任务，如自然语言处理、语音识别、视频处理等。相较于传统的RNN，LSTM引入了一种称为“门”的结构，用于控制信息的流动，从而解决了RNN在长序列数据处理中的梯度消失和梯度爆炸等问题。在LSTM中，每个时间步都有一个隐藏状态和一个细胞状态，其中细胞状态是LSTM中的关键组成部分，用于存储和传递信息。LSTM的基本结构如图6-6所示。

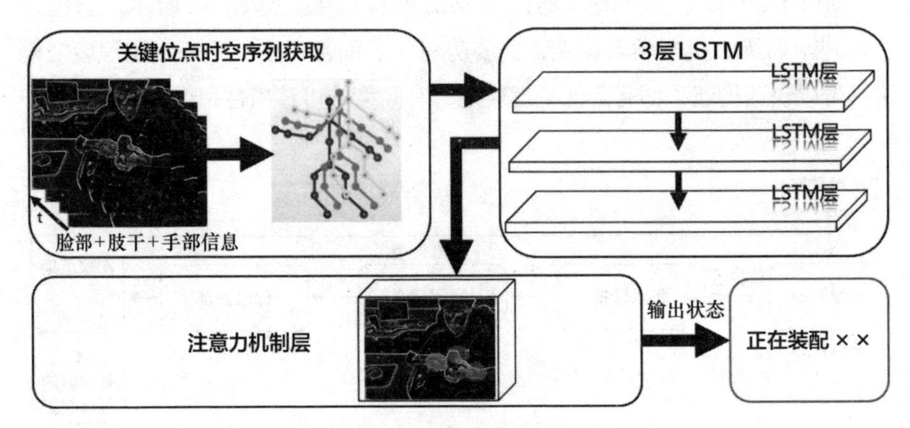

图 6-5　动作识别神经网络结构

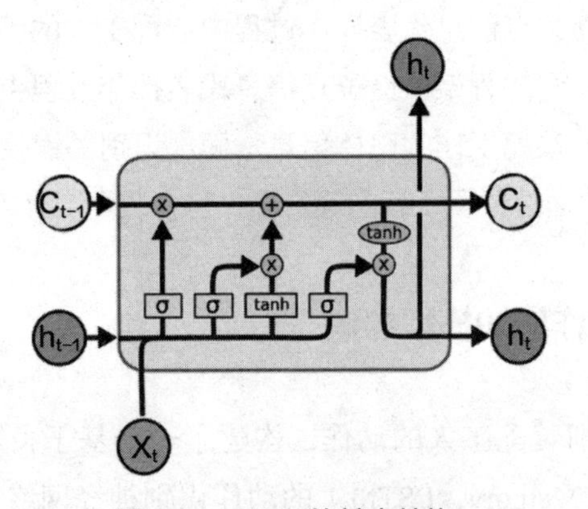

图 6-6　LSTM 的基本结构

激活函数tanh的作用是调节流经输出的值，使得数值在−1和1之间。而σ表示的激活函数与函数tanh类似，其数值在0和1之间，用于更新或忘记信息。

LSTM包含三种类型的门，分别是输入门、遗忘门和输出门。这些门结构可以通过学习自适应地调整细胞状态的更新和重置，使得LSTM能够对长序列数据进行有效处理。具体来说，输入门决定哪些信息可以进入细胞状态，遗忘门决定哪些信息可以保留在细胞状态中，输出门决定细胞状态中的信息在当前时间步被用于计算隐藏状态。

这里，$t=1, 2, \cdots n$，表示n是单个装配动作的时间步数，在LSTM的第l

层内，LSTM单元的输入为x_t^l，输入门表示为x_t^l，隐藏层的输出为h_t^l，遗忘门的输出表示为f_t^l，输出门的输出表示为o_t^l，单元状态表示为c_t^l，这些值的计算公式如下。

输入门：用于控制信息进入细胞网络，见式（6-1）。

$$i_t^l = \sigma(W_c \cdot [h_{t-1}^l, x_t^l] + b_i) \tag{6-1}$$

遗忘门：用于控制从细胞状态中删除信息，见式（6-2）。

$$f_t^l = \sigma(W_f \cdot [h_{t-1}^l, x_t^l] + b_f) \tag{6-2}$$

输出门：用于控制隐藏状态中的信息传递到下一层，见式（6-3）。

$$O_t^l = \sigma(W_O \cdot [h_{t-1}^l, x_t^l] + b_O) \tag{6-3}$$

在LSTM中，细胞状态的计算由输入门、遗忘门和细胞状态更新三部分组成。细胞状态更新见式（6-4），新的细胞状态见式（6-5），最后隐藏状态的计算由输出门和新的细胞状态共同决定，见式（6-6）。

$$\tilde{C}_t^l = \tanh(W_c \cdot [h_{t-1}^l, x_t^l] + b_c) \tag{6-4}$$

$$C_t^l = f_t * c_{t-1}^l + i_t * \tilde{C}_t^l \tag{6-5}$$

$$h_t = o_t^l * \tanh(c_t^l) \tag{6-6}$$

为了提高模型动作感知的效果，在LSTM网络堆叠的基础上加上了注意力机制（Attention Mechanism），以增加模型的感知性能。注意力机制是一种模拟人类视觉和听觉等感官系统中注意力分配的机制，用于处理序列数据和长文本等任务，是深度学习模型中一种重要的机制，可以在处理输入数据时动态、选择性地关注不同的信息，从而提高模型的性能。

在传统的深度学习模型中，每个输入特征都会被平等地考虑。但是，在实际任务中，一些特征比其他特征更重要，而这些重要的特征可能会随着输入数据的变化而不同。这就需要模型能够动态地对输入数据进行加权，使得模型能够集中关注那些对任务最有用的信息。注意力机制就是为了解决这个问题而提出的一种机制。

在注意力机制中，模型根据当前输入数据的情况，动态地生成一个权重向量，来对输入数据进行加权。这个权重向量通常是一个与输入数据大小相同的向量，其中的每个元素代表着对应输入特征的重要性程度。在每个时间步上，模型使用这个权重向量来对输入数据进行加权求和，得到一个加权后的向量，用于后续的处理。

定义一个评分权重score，见式（6-7）。W是要学习的权值矩阵，h_t是解码器的隐藏状态矩阵，而$\bar{h}_s$表示编码器的隐藏状态矩阵。

$$\text{score}\,(h_t, \bar{h}_s) = h_t^T \cdot W \cdot \bar{h}_s \tag{6-7}$$

求注意力机制的权重，见式（6-8）。

$$\alpha_{ts} = \frac{\exp\,(\text{score}\,(h_t, \bar{h}_s))}{\sum_{s'=1}^{s} \exp\,(\text{score}\,(h_t, \bar{h}_{s'}))} \tag{6-8}$$

计算加权后的向量，见式（6-9）。

$$c_t = \sum_s \alpha_{ts} \bar{h}_s \tag{6-9}$$

6.5 基于减速器装配场景的案例验证

6.5.1 构建减速器装配数据集

（1）建立装配关键零部件数据集。

先使用SolidWorks建模软件创建一个装配体模型，并使用这个模型作为人机自主协作案例的装配体，再使用3D打印技术，将装配体导入3ds Max软件进行3D转换，转换为可以进行3D打印的模型，然后利用3D打印机把装配的各个零部件制作出来，如图6-7所示。

图 6-7 制作装配的各个零部件（减速器模型）

为各个零部件拍摄10s的视频，利用OpenCV对拍摄的视频进行抽帧处理，将视频扩展成拥有2601张各个零件图像的数据集，在数据集中有10个类别的零部件，如表6-1所示。YOLO估计算法有监督深度学习，因此需要对数据集进行标签化处理，为主要的零部件打标签，将标签的位置等信息做归一化处理并保存为Text格式，形成标签文件，如图6-8所示。

表6-1 零部件数据集列表

减速器	机体	上箱盖	轴承端盖	端盖
齿轮轴	大齿轮	大轴	键	定距环

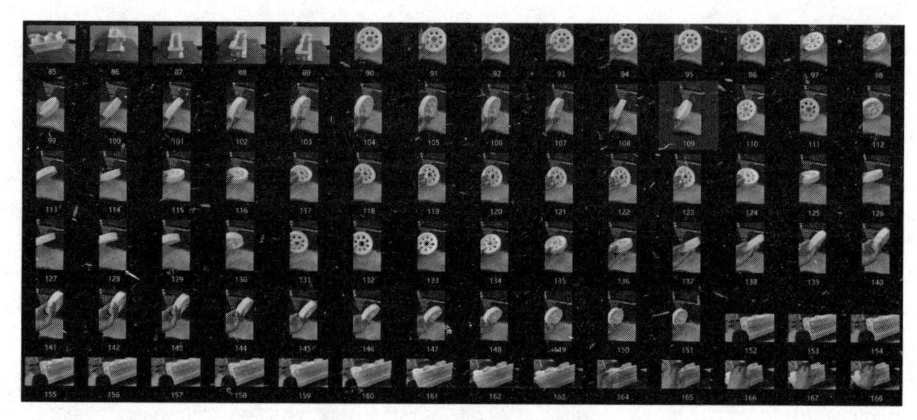

图6-8 零部件数据集案例

（2）建立装配动作数据集。

提取了装配工人姿势的三种关键位点后，将三种关键位点的三维坐标转换为NUMPY格式的列表。由于装配工人的动作是连续的，因此需要采集操作数据集进行模型的训练。根据演示案例采集人机协作场景中人的三个状态数据，分别是①装配动作，代表装配工人正在进行操作作业；②等待动作，代表装配工人等待机器人协作；③离开动作，代表装配工人停止工作，装配停止。每个动作采集30个30帧的视频，并且从不同角度拍摄。将每个动作每30帧采集到的关键位点信息储存为一个样本，所形成的关键位点数据集如图6-9所示。本案例提取的关键位点包括21个手部关键位点、33个姿势骨架关键位点、468个面部关键位点，这些关键位点信息主要是X、Y、Z三个空间坐标的位置信息。

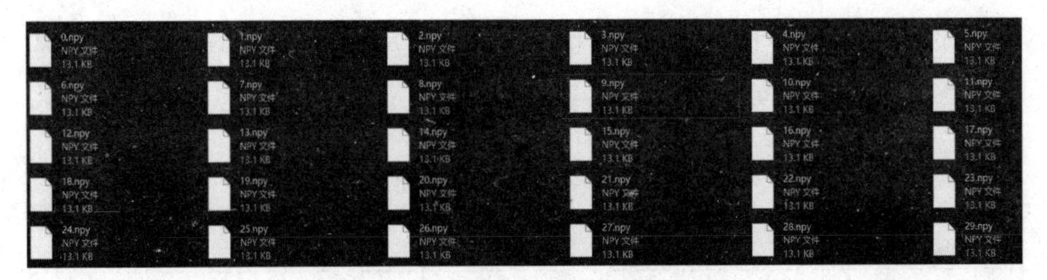

图 6-9　装配动作关键位点数据集

6.5.2　构建模型及训练结果

本案例的训练在Python 3.7的环境下进行，使用的设备配置为Intel(R) Core(TM) i9-12900H、NVIDIA Geforce 3070Ti。

YOLO V7模型的主干网络结构为50层，因此在训练的时候冻结前50层的网络权重，输入指令train.py-freeze 50，批量大小为8，将图像划分为640 × 640个网格，学习率设置为0.01，使用500 epoch（完整数据集经过神经网络的一次完整的迭代周期称为epoch）。使用YOLO V7模型作为训练的原始模型，用自定义数据集经过300 epoch训练后得到的结果如图6-10所示，收敛情况较好。

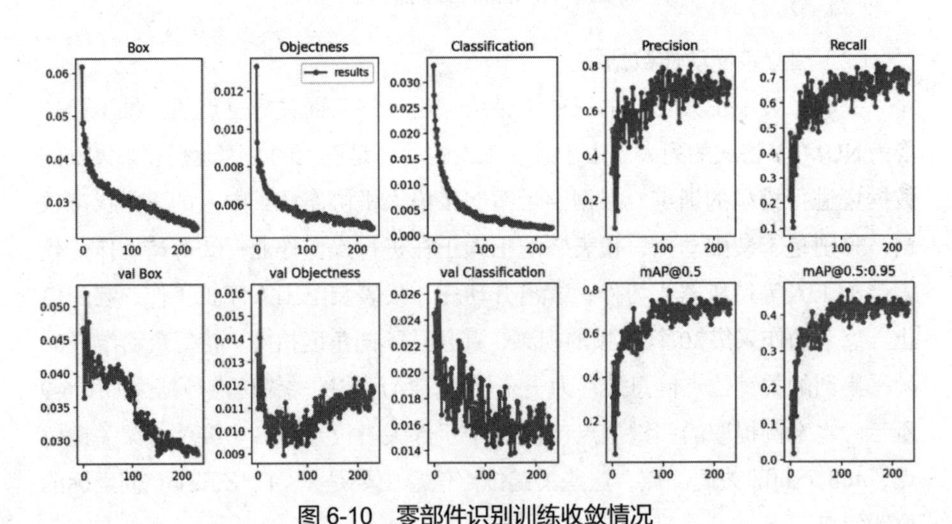

图 6-10　零部件识别训练收敛情况

动作识别数据集经过LSTM神经网络训练后的收敛情况如图6-11所示，经过200 epoch训练后即可得到较为准确的结果。

尽管训练每个动作只采集了30个30帧的数据集，但是通过训练过程的参数变化可以看到Training Loss趋近0，而Training Accuracy趋近1，表示训练收敛情况较好。实时动作识别效果如图6-12所示。可以看到，较为准确和完整地识别出人的面部、躯干和手部的特征，在受到遮挡的情况下，也可以预测关键位点。

在进行装配操作时，装配动作检测的概率较高，同理，等待、停止装配的动作实时预测效果也较好。由于人的动作具有连续性，为了保持动作识别效果的稳定性，避免突然的动作识别错误，需要设置预测结果修正规则。当连续5个30帧动作的识别结果为新的动作时，才输出新动作的结果。例如，当接下来150帧的动作识别结果为等待时，输出等待的动作识别结果；当150帧中间有60帧为装配动作时，维持现有的动作识别结果不变。

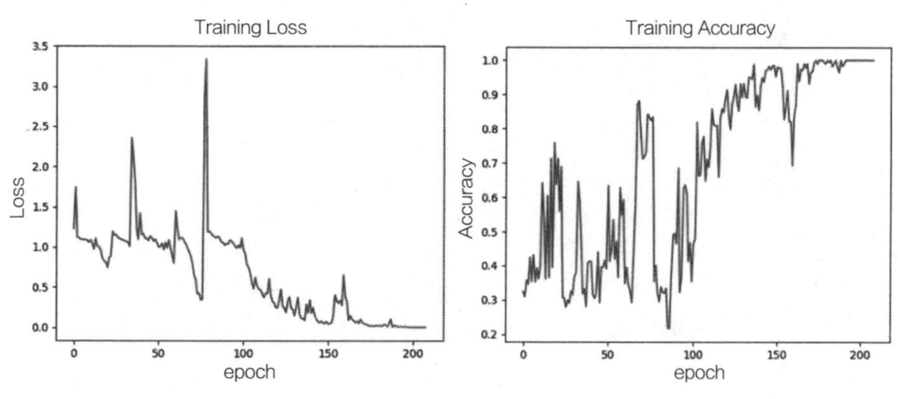

图 6-11　动作识别训练收敛情况

图 6-12　实时动作识别效果

6.6　总结

本章主要面向人机协作过程中人类操作员（装配工人）的装配状态提出

了一个整体感知方法，利用目标识别算法和装配动作识别算法，完成了对装配环境中装配零部件和人体装配动作两个关键信息的提取、分析和感知。为了提升装配零件的感知效果和加快模型的训练速度，使用迁移学习技术，提高了模型的收敛速度。为了提升动作感知的效果，开发了三层LSTM神经网络，并在其中增加了注意力机制层，取得了较好的训练及识别效果。准确地进行装配零部件和装配动作的感知，并以此来感知装配工人的操作状态，为人机协作装配环境的整体感知创造了良好的条件。

第7章
以人为本的自适应制造系统①

7.1 引言

基于劳动力的技能多元化与系统的可重构性，本章提出了一种以人为本的自适应制造方法，该方法确保多阶段制造系统的配置与运营能够与不断发展的劳动力技能相适应。智能制造（SM）技术的发展不仅提升制造企业的竞争力，还推动这些企业向着生产百分百优质零件且保证连续作业的目标迈进。自动化制造的推广可以在一定程度上减少操作中的复杂性和不确定性，然而，让劳动力参与到系统中，将为企业带来不可或缺的竞争优势。首先，人可以依靠其自然感官和认知能力在涉及创造力、操作和感知的任务中提供关键决策，如协作装配和故障诊断方面的任务。其次，人可以迅速适应突发干扰和颠覆性技术创新，快速扩展和调整系统产能。在大规模个性化的生产背景下，人可以通过为机器重新编程和调整工具，灵活地调整系统操作和配置以应对变化。

然而，工人也面临着易出错、新技术掌握周期长的挑战，并且熟练工人的短缺问题也日益凸显。一项对制造商的调查显示，近45%的企业因缺乏具有正确技能的工人而错失商机。与此同时，虽然超过半数的从业者对自身职业前景感到担忧，但是他们仍对那些能够提供个人成长机会的制造业职位表现出强烈的兴趣。为了解决这个问题，需要推进系统能力和工人技能的协同发展，即实现人—系统共同进化（HSC）。这种进化方式能够使未来制造系统更好地适应瞬息万变的市场环境和工人的职业期望。同时，这也与工业5.0所

① 本章作者为Xingyu Li, Aydin Nassehi, Baicun Wang, S Jack Hu, Bogdan I Epureanu，发表于*CIRP Annals* 2023年第1期，收录本书时有所修改。

倡导的以人为本的理念高度契合，该理念强调满足未来工厂从作业安全到个人成长的全方位个体需求。

智能制造（SM）技术，如传感器和增强现实的运用，促进了人机协作（HRC）的实现，并且通过传感器系统和多种人机交互技术增强了工人的认知和决策能力。此前，已有研究提出了一种以人为本的系统框架，旨在将制造过程控制与人的行为相适应。尽管如此，由于各制造阶段过程之间相互依赖，将以人为本的阶段性优势转换为系统层面的整体效益仍然是一个挑战。与此同时，人的通用技能在协调各阶段过程中发挥着关键作用，但在现有的工作中却鲜被提及。在本章，我们考虑到随着工人技能的不断进步，系统的能力也得到了逐步扩展。与此同时，智能制造技术也为系统提供了教育能力，即“学习工厂”（LF）概念。学习工厂的建立不仅为研究和教育提供了平台，还为HSC的实现创造了宝贵的机会。然而，需要注意的是，这种边实践边学习的方法往往需要消耗大量的时间和生产资源，从而对系统的短期产能产生一定的负面影响。为了在日常运营中同步提升系统能力和工人技能，我们迫切需要构建一个具有灵活结构的系统。这种系统能够自主调整其配置和操作，以适应不断发展的工人技能。

近年来，可重构机器与模块化可重构机器人在研发上取得了显著的进展，为传统机械手的性能提升和功能拓展提供了新的可能性。特别是近期在开放接口与同步技术方面有所突破，为实现即插即用式重构式机床，工业机器人和加工工具提供了坚实的基础，例如，单一操作员能够在几分钟内完成可配置组件（模块）的更换。随着可重构机器和机器人相关硬件与软件的商业化，可重构系统的可扩展实施已变得触手可及。本章旨在提出一种以人为本的自适应制造系统，该系统融合了生产模块与技能提升模块，通过灵活调整资源布局和计划，从而具备快速适应技术更新和大规模个性化需求的能力。通过运用先进的优化算法和人工智能技术，我们设计并实现了三个层次的以人为本适应性调整，并通过模拟实际工业用例来验证其有效性。

7.2 人—系统共同进化的三个层次

我们考虑一个高度集成化的HRC的多阶段制造系统，以展示以人为本的适应性在系统层级的改进。该系统的每个层级均由可重构的机器和工业机器人（MRs）构成，假设这些MRs的配置与位置可由工人进行灵活调整。当操作员具备足够的技能时，他们可以与MRs协同工作来完成任务。根据操作员的角色和自适应过程中所需的工作量，我们将以人为本的适应系统分为需求层面、操作层面、配置层面和能力层面四个层面，如图7-1所示。

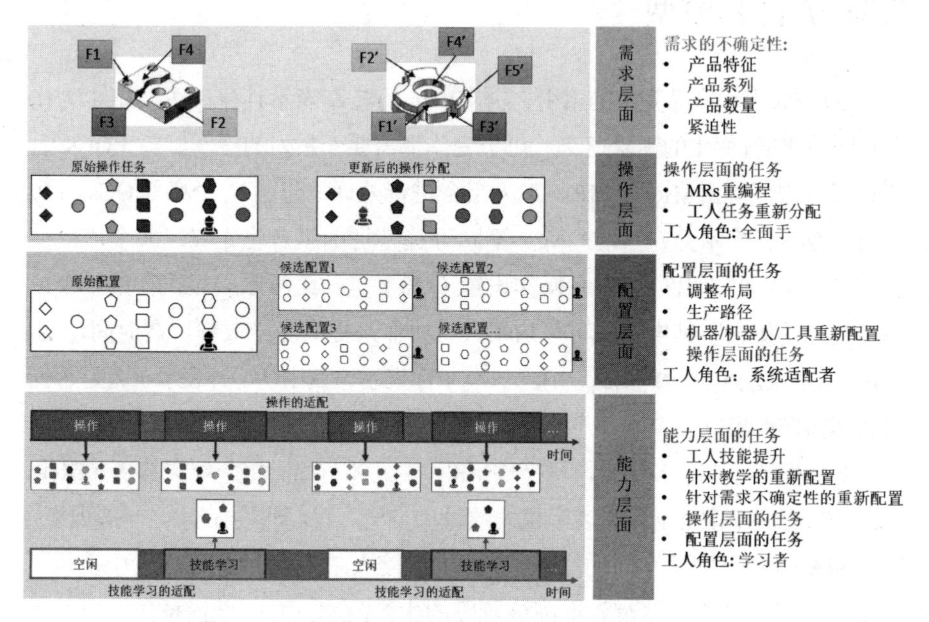

图7-1　大规模个性化需求下的以人为本的适应系统

需求层面在产品特征、产品系列、产品数量和任务紧迫性方面具有不确定性。

在操作层面，适应性调整所需的时间和精力最少，这主要是通过MRs重编程来改变制造操作和重新分配工人任务来实现的。我们假设MRs的高度可重构性可以使其功能和产能被迅速调整，以适应不同的制造需求的改变。在这个层面上，人类作为全面手，与机器协同作业于瓶颈环节，以优化整体配置产能。

在配置层面，适应性调整源自当前配置边际产能与市场需求间的不匹配。作为系统适配者，工人负责重新定位与配置MRs，旨在寻找具备最佳边际产能且最小重配置时间（RT）和工作量的调整方案。

在能力层面的适应性调整中，工人转变为学习者，借助MRs，不断精进技能，以持续提升最佳配置及其边际产能。鉴于技能提升与重新配置均会导致工人暂时脱离生产岗位，因此，在能力层面的规划中，需具备高度的前瞻性，以平衡短期制造产能的损失与长期竞争力的增益。

7.3 方法和模型

令$k \in K$表示产品变体的索引，需求由$u_k(t) \in \mathbf{Z}_2$表示其存在性，并且$D_u(t)$表示随着时间t变化的需求速率。每个变体都需要一系列的操作群集（OCs），即一组操作任务由MRs或MRs-工人组合进行处理，包括N_m个必需OCs和N_O个可选OCs，表示为$I = N_O + N_m$。不同可选特征的组合也定义了K个产品变体，其中$K = 2^N$。由$i \in I$表示操作设置（OS）是一组可以一起执行的一个或多个OCs的集合，其中一些可以启用人机协作来提高生产效率。在时间t，工人$e \in E$的技能由$\overline{O^e}(t) = \{\bar{O}_{1,e}(t), \ldots, \bar{O}_{i,e}(t)\}$表示，其中$\bar{O}_{i,e}(t)$表示工人是否能够处理操作群集OS i。

系统配置定义了多个阶段$s \in S$中MR和工人的布局。每个配置都由元组(v_s, n_s), $\forall s \in S$表示，其中v_s和n_s表示机器数量和类型。我们假设在同一个阶段内，工人和MRs被分配了不同的任务，但这些任务均在相同的操作设置中执行。这个设置已被证明能够有效提高该阶段的生产效率，并降低设备故障所导致的对生产的影响。系统的产能通过生产效率（PR）来衡量，即所有制造阶段中最小的生产效率。

7.3.1 操作层适应性

在操作层适应性（OLA）调整中，HSC允许机器进行重新编程和对工人任务进行重新分配，以便迅速调整机器操作，并优化配置及生产系统的边际产能。其目标是在匹配MRs操作与市场需求和制造优先约束的同时，最大化生产效率。结合工人技能，我们构建了混合整数线性规划来制定操作层面的自适应性模型：

[CLA] $$\min_{o_{s,i,e},\, c_{s,j},\, \alpha_s} -y + \sum_s \alpha_s$$

s.t. (a)　$o_{s,i,e} = c_{s,i}, o_{s,i,e} \leqslant \bar{o}_{i,e}(t), \forall s, i, e,$

(b)　$P_{j,k} c_{s,j} \leqslant \sum_{\bar{s}=1}^{\bar{s}=s-1} \sum_i Q_{i,k} c_{\bar{s},i}, \forall k \in K, s \in S, j \in I$

(c)　$y = r_s^m + \sum_e r_{e,s}^h - \alpha_s = r_{s'}^m + \sum_e r_{e,s'}^h - \alpha_{s'}, \forall s, s'$

(d)　$\sum_s \sum_i Q_{i,k} c_{s,i} \geqslant u_k(t), \forall k$

(e)　$\sum_s \sum_i o_{s,i,e} \leqslant 1, \forall e$

(f)　$\sum_s \sum_i Q_{i,k} c_{s,i} \leqslant 1, \forall k$

其中，$o_{s,i,e} \in \mathbf{Z}_2$和 $c_{s,i} \in \mathbf{Z}_2$是决策变量，分别表示在阶段s中，MRs和工人e是否选择了操作群集OC i。$P_{j,k} \in \mathbf{Z}_2$是优先约束，而$Q_{i,k} \in \mathbf{Z}_2$定义了操作群集OC k是否包含在操作设置OS i中。r_s^m, $r_s^h \in \mathbf{R}^+$表示阶段s中机器和工人e的生产效率（PRs）。$\alpha \in \mathbf{R}^+$是松弛变量，用于将最小化运算转换为线性形式。

约束（a）确保工人具备足够的技能来有效完成与MRs在指定操作群集中的协作任务；约束（b）确保操作群集按照所定义的加工顺序发生；约束（c）确保生产线的生产效率与最小阶段的生产效率相等；约束（d）确保满足所有生产所需的操作群集都被考虑进生产中；约束（e）（f）确保工人和MRs将在每个阶段处理非重复的操作群集。从模型的定义可以看出，工人技能驱动着模型OLA的决策方案，工人的技能水平通过约束（a）（c）（e）直接映射到最终优化出的系统边际产能。与此同时，通过约束条件（a）（b）（f），HSC可以监控技能、需求和过程的任何变化，以保持系统能够实时了解这些变化并在实时决策中进行调整。

7.3.2　配置层适应性

在配置层适应性（CLA）调整中，我们假设系统的配置不再固定，这意味着MRs的位置和配置参数可以进行调整，从而更好地与工人技能相协同，并可以根据针对特定的产品变体做出更灵敏的响应。在这个类别的规划中，我们的优化目标是通过调整系统配置来平衡系统产能与平稳重构。为此，我们构建了一个CLA多目标非线性模型来探索和优化各种可能的配置方案。

[CLA]　$\min_{v_s, n_s} w_t t_r + w_r \gamma$

s.t. (a)　$f_m(v_s, n_s) \leqslant s_m - s_m^u, \forall m$

(b)　$E' = E/E^u$

(c)　$t_r = f_r(v_o, n_o, v_s, n_s)$

(d) $D_k(t) \geqslant f_y(v_s, n_s, \bar{o}_{i,e}(t), k) + \gamma, \forall k,$

(e) $1 \leqslant v_s \leqslant N_v, 0 \leqslant n_s \leqslant N_n$ 且为整数, $\forall s$

其中，$s_m \in \mathbf{Z}$表示类型m的可用模块数量。$s_u^m \in \mathbf{Z}$ 和E^u分别表示不可用模块的数量和不可用的人员，其中包括正在参与技能提升和系统重构的工人。$\gamma \in \mathbf{R}^+$是松弛变量，用于定义目前配置下的产能短缺。函数f_y代表OLA中的优化模型，即根据当前的人员技能水平估算的边际生产效率。同时，我们还引入了一个MILP模型的f_r，用于评估重构时间。非线性函数f_m则用于计算在给定配置(v_s, n_s)下所需的模块m的数量。约束（a）和（b）共同保证在下一次配置更新时，只有当前可用的人员和MRs被纳入考虑范围，从而模拟由于重新配置和提升技能而产生的短期产能损失；约束（c）和（d）则定义了当前工人技能下的产能短缺和重构时间；一旦产能足够，约束（d）将优先选择具有最短重构时间的配置方案，以快速完成产能的转换；最后，约束（e）确保机器的数量和类型受到限制。由于计算约束，我们通过历史运算结果创建一个大型配置池，以提高计算效率。

7.3.3 产能级别适应性

在产能级别适应性（ALA）中，不断发展的工人技能将被识别和利用来改善最佳配置和长期系统产能边际。ALA要求系统精准判断何时执行适当的ALA动作a_t，包括：①无须技能提升的系统重构（仅针对需求变化）；②包含技能提升的系统重构（针对人员技能提升）。其中，技能提升活动涉及两种重新配置：①将MRs的一部分设备从生产系统中分离出来以提升工人的技能；②完成工人技能提升后，根据更新后的工人技能重新优化系统配置和提高产能。

图7-2是使用深度强化学习的能力层面适应。①演员—评论家模型，演员模型负责选择行动，评论家模型负责评估行动的影响，并帮助演员调整策略。②近端策略优化（PPO），PPO根据熵奖励L^S学习考虑三种类型损失的最佳能力层面适应策略，以确保充分的搜索；新策略的截断损失L^{CLIP}用来计算相对于基准策略的优势；将损失限制在旧策略的范围内以实现稳定学习；价值函数L^{VF}的损失表示评论家模型能够预测每个状态的值的准确程度。③模拟模型，所有基于学习策略选择的动作a_t都由Python模拟的虚拟生产环境进行评估，以更新状态s_{t+1}并计算当前动作a_t所带来的奖励r_t。我们将每个时刻的

元组 $\{s_t, a_t, r_t, s_{t+1}\}$ 都记录在经验轨迹中。每次运行结束时，都会随机抽取样本进行批量离线学习。

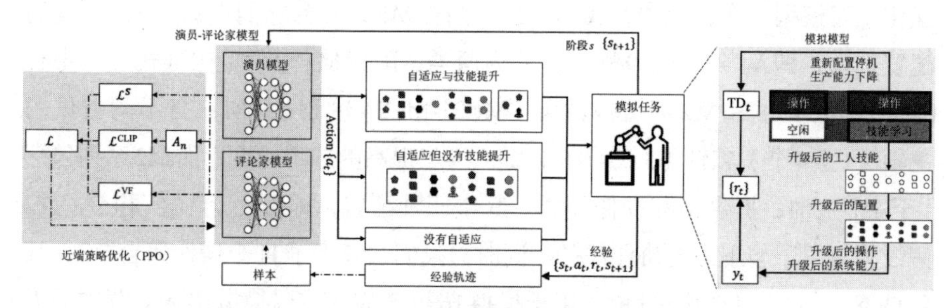

图 7-2　使用深度强化学习的能力层面适应

在模拟环境中，我们假设每次技能提升的活动都能帮助工人掌握一种新的操作群集。这种耗时的活动使得提升时机的选择尤为重要，特别是在时间紧迫和市场环境多变的情况下。ALA依赖多种环境因素来全面应对各种情况，包括新产品变体的需求变化和紧迫程度、生产所需操作群集的差异、可用资源和当前的工人技能水平。此外，行动选择的细微差别可能会影响未来的重构时间和可用产能。这种隐性且复杂的时间依赖关系为建模和优化带来了巨大挑战，特别是在高维决策空间和时间尺度受限的制造场景中。

为了有效应对这种复杂性，我们采用演员—评论家模型。环境因素被设计和整合为状态量$s_t = (D_u(t-1), D_u(t), u_k(\mathrm{t}-1), u_k(t), \bar{o}_{i,e}(t), \mathrm{TD}_u(t))$，其中$\mathrm{TD}_u(t) = \dfrac{\sum_{\tau=t_s}^{\tau=t_e} D_u(\tau) - \sum_{\tau=t_s}^{\tau=t} y_\tau}{t_e - t}$，是节拍率，用于描述满足剩余需求所需的最小产能。$t_s$和$t_e$是需求开始和结束时间。节拍率描述由于重新配置和提升技能对系统产能的影响。奖励由产能短缺的差值定义，即$r_t = -(\mathrm{TD}_t - y_t)$。演员-评论家模型的训练基于策略的梯度方法即PPO，它的特殊设计为持续的策略改进提供了保证。这些优点使PPO在决策复杂性增加时，能够以较短的时间实现可靠的收敛性能。

7.4　原型实施

在本节中，我们将使用Python实现提出的优化和机器学习模型，并在模拟工业生产的日常操作中展示HSC。假设MR在操作过程中不出现任何停顿，并且工人始终遵循既定的操作规范。为了求解OLA和CLA中的优化问题，我们使用CPLEX和Scipy优化工具。同时，利用PyTorch框架构建所提出的深度强化学习模型。在实验中，我们考虑了两种MR，并为它们提供了9种不同的配置选项，即$N_v = 9$。这9种配置分为两类：配置M1为可重构卧式加工中心（MC11-MC15）和M2可重构钻床（MC21-MC24）。M1系列具有不同数量的主轴（1至4个）和轴（3或4轴），提供逐步提高的加工速度；而M2系列包括1至4个主轴，提供钻孔操作能力。其中三种配置，即M_1C_5、M_2C_3和M_2C_4被假设为可用于与工人的协作任务。同时，我们共考虑了11个操作集合OC，其中OC8-OC11为4个可选OC，用于模拟16个产品变体以模拟实际运营中的需求变化。这些产品的变体将按照预定的顺序每周更换一次。在模拟过程中，每次运行模拟5周的操作，每次模拟的步长为1小时。对于工人提升技能所需的时间固定为每个新的操作集合OS为10小时。同时，模块组装/拆卸的平均时间设计为10分钟，并将总重组时间RT四舍五入到小时。在技能提升期间，ALA将选择最有可能提高系统性能的OS。

表7-1是工业用例中以人为本的制造系统内操作系统的生产速率。括号中的数字为工人参与后操作系统的生产速率。

表7-1　工业用例中以人为本的制造系统内操作系统的生产速率

操作设置	操　作	机器1（M_1）					机器2（M_2）			
		M_1C_1	M_1C_2	M_1C_3	M_1C_4	M_1C_5	M_2C_1	M_2C_2	M_2C_3	M_2C_4
OS6	O6	30	60	90	120	30(60)	30	60(120)	90(180)	120(240)
OS12	O3, O11	60	120	180	240	60(120)	0	0	0	0
OS13	O8, O10	120	240	360	480	120(240)	0	0	0	0
OS14	O2, O4, O7	90	180	270	360	90(180)	0	0	0	0
OS15	O2, O3, O4, O7	60	120	180	240	60(120)	0	0	0	0
OS16	O2, O4, O7, O8, O10	0	0	0	0	60(120)	0	0	0	0
OS17	O2, O3, O4, O7, O8, O10	0	0	0	0	40(80)	0	0	0	0

我们将通过模型OLA优化的具有最高边际产能的系统配置列在图7-3中，分别用于评估最复杂和最简单的产品变体。由于复杂的产品变体引入了额外的OC和相关约束条件，因此其所对应的系统配置对应较低的产能。然而，当熟练工人参与时，最复杂变体的边际产能提升了12.5%，而最简单变体的边际

产能则提升了60%。此外，从图7-3（a）中的配置524和图7-3（b）中的配置1687等许多高产能配置中，我们可以观察到，许多配置只有在工人参与的情况下才能有效运作。这进一步强调了劳动力的多面性为系统带来的额外灵活性。

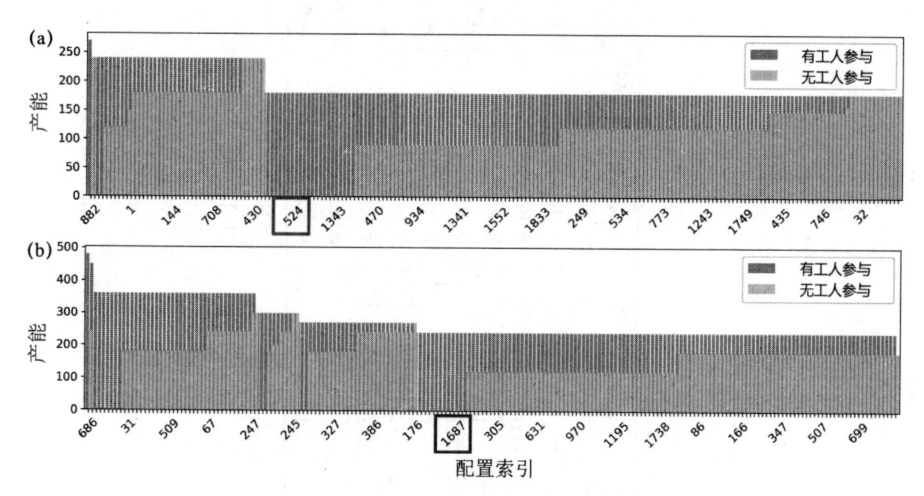

图7-3　比较2000个具有最高边际产能的系统配置

图7-3包括有工人参与（深色）和无工人参与（浅色），并评估了两种产品变体：（a）最复杂变体；（b）最简单变体。

图7-4进一步证实工人参与所带来的灵活性对系统的影响，该图展示了系统满足三种产品变体的不同配置路径。在这些由模型CLA生成的不同系统配置中，工人的位置和分配的任务随着时间发生了明显的变化。由于工人任务重新分配的工作量远低于MR重新配置的工作量，因此工人参与为系统提供了更多灵活的选项，使系统能够迅速调整其能力以应对不同的任务需求。通过对优化结果的分析，我们发现工人通常被分配到那些最能提升系统性能的协作任务中，以提高瓶颈制造阶段的过程速率。

第一个产品变体没有可选功能（图7-4（a）中的⑮和图7-4（b）中的⑮）；第二个产品变体有可选的OC 8和OC 10（图7-4（a）中的④、⑥、⑩、⑪和图7-4（b）中的②、④、⑥、⑦），第三个产品变体有所有OC（其他的数字框）。框的颜色深浅代表系统产能值的大小。图7-4（a）显示3种变体的配置路径，不含工人技能提升；图7-4（b）显示3种变体的配置路径，包含工人技能提升；图7-4（c）记录了不同变体的边际产能。

在相同的初始配置和产品变体下，由于过渡具有平滑性，因此第二个产

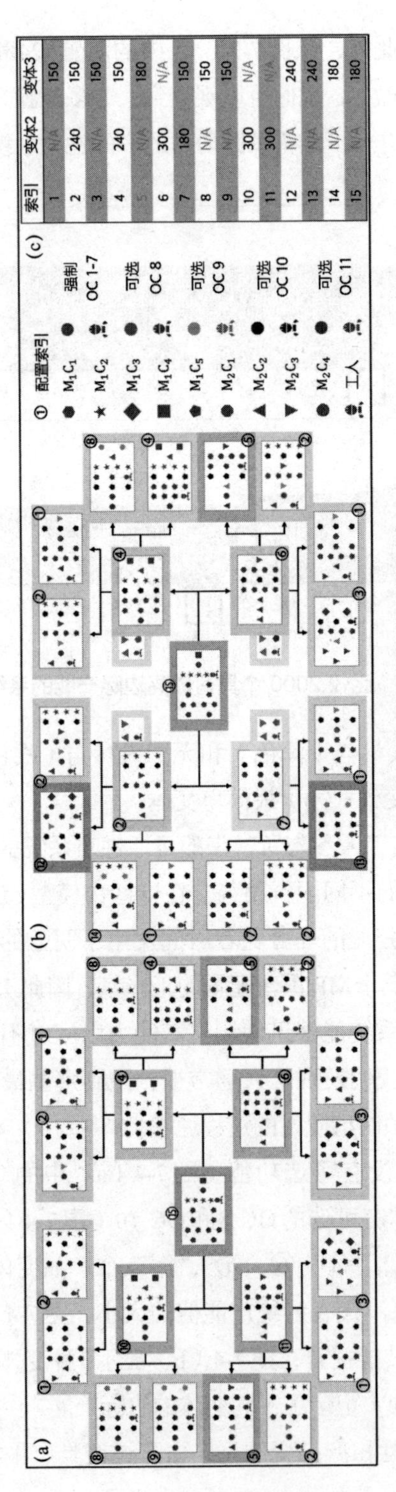

索引	变体2	变体3
1	N/A	150
2	240	150
3	N/A	150
4	240	150
5	N/A	180
6	300	N/A
7	180	150
8	N/A	150
9	N/A	150
10	300	N/A
11	300	N/A
12	N/A	240
13	N/A	240
14	N/A	180
15	N/A	180

图 7-4　3 个产品变体的配置层面适配示例

品变体配置（图7-4（a）中的④、⑥、⑩、⑪和图7-4（b）中的②、④、⑥、⑦）中的不同选择导致第三个产品变体（除了第一个产品变体配置和第二个产品变体配置）产生不同配置。同时，一个系统配置可以在操作层面进行调整后，在需求变化后仍成为一个潜在配置选项，例如配置4。与图7-4（a）相比，图7-4（b）描述了一种针对技能提升活动的附加配置情形，其中工人和少数MRs与生产分开。由于可以重新配置，因此系统在技能提升期间可以维持部分生产能力。同时，随着工人技能的提升，往往会出现更符合需求的潜在配置。参考图7-4（b），配置12和配置13等与图7-4（a）相比具有更高的产能，进一步证实了这个推测。

然而，并非所有的技能提升活动都会导向更优的配置，并且时间选择对于产能级别的适应性至关重要。为了凸显这一点，我们在图7-5（a）中对比了从100次随机运行中筛选出的前10种策略的产能短缺情况，以及一个基于RL的调度策略效果。在每次运行的初始阶段，均假设工人不具备任何技能。随着需求和适应活动的变化，节拍需求率呈现动态波动。我们发现使用PPO的演员—评论家模型，随着训练的进行产能稳步提高，并且学到的策略优于其他策略，有效地减少了产能短缺的情况。

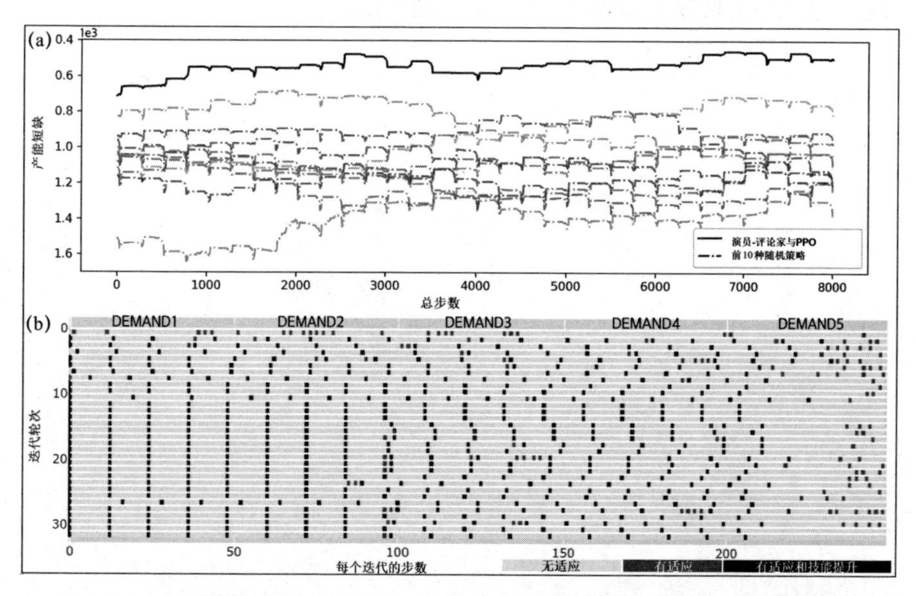

图 7-5　产能水平适应的训练历史：（a）基于 RL 的调度策略和前 10 种随机策略的产能短缺情况；（b）在不同迭代轮次中，产能水平的适应决策比较

图7-5（b）则通过展示不同时间点的动作历史来描述深度学习所学到的策略。随着训练的进行，系统更偏向于在初期定期安排技能提升活动，以逐步提升工人技能，同时避免因人力不足而造成的任务积压。在任务的后期阶段，为了应对需求变化，会安排一些适应决策来微调系统能力。随着时间的推移，决策的逐步稳定也进一步验证了模型的收敛性。

7.5 总结

本章提出了一种以人为本的自适应制造系统，旨在通过多级适应框架和现场技能提升活动，实现人类技能与系统能力的共同提升。该系统的核心在于充分利用系统的可重构性与劳动力的技能多元性，构建一个灵活且富有教育性的系统架构，从而将技能提升活动无缝融入日常生产运营中。这个方法相较于现有方法，更加注重以人为本的决策在系统层面的优势。通过模拟一个高度依赖人机协作的生产环境，本研究凸显了自适应系统配置、操作及训练计划的重要性和优势。研究结果表明，人类与系统的共同演化能够显著提升系统能力，并使其更加适应个性化需求的变化。

第8章
面向工业5.0的人机协作增材制造①

8.1 引言

工业5.0旨在将人类福祉置于工业制造系统的中心，致力于实现超越就业和经济增长的社会目标，为全人类的可持续发展和繁荣提供强有力的支撑，吹响全球新一轮产业变革的号角。与工业4.0主要由技术驱动的理念不同，工业5.0更加强调价值驱动，并形成了以人为本、可持续性、韧性作为价值驱动的三种核心要素。其中，以人为本的制造强调制造的最终目标是促进人类福祉，制造价值链中不同参与者的价值都应该被重视。王柏村等基于人—信息—物理系统（HCPS）理论体系，阐明了以人为本的智能制造（人本智造）的关键概念，并建立了研究框架和技术体系。目前，针对特定制造工艺、技术和机器的人本智造相关研究正逐步涌现，但总体数量较少，尚处于起步阶段。因此，在工业4.0向工业5.0演化的过程中，深入分析以人为本（Human-centricity）在具体制造工艺层面的理论体系、使能技术和具体场景会显著增强学术界和工业界对于人本智造这个新兴领域在工业5.0背景下的理解，并助推人本智造在细分领域的应用实践。

作为先进制造的重要发展方向和智能制造系统的核心组成部分，增材制造技术是具有广泛应用前景的变革性技术，能够高效、可靠地实现复杂设计方案，具有灵活、敏捷、数字化等特点。近年来，增材制造技术已逐步从产品样机快速成型技术演进为可以满足工业标准的生产方式。随着人机交互设备和技术的不断发展，增材制造的应用场景变得更为多元和复杂，其中人机

① 本章作者为蒋周明矩、熊异、王柏村，发表于《机械工程学报》2024年第3期，收录本书时有所修改。

协作的关系也在不断变化和发展。因此，增材制造中人机协作相关研究也越来越受到重视。

在增材制造技术的演进过程中，人和机器这两个主体的含义不断丰富和变化，二者之间的相互关系也随之变化。增材制造技术在发展早期主要作为快速原型制造工具用于产品开发概念设计，辅助设计师实体化和可视化设计方案。设计师与增材制造设备紧密合作，通过设置合理的工艺参数，利用它来补充或替代减材、等材制造等传统工艺。伴随着增材制造逐渐应用于规模化生产，自动化和人工智能技术被引入以降低人的工作量，同时减少潜在的错误和不确定性。与此同时，设计师的价值，如创造力、适应性等在非结构化的场景中进一步凸显。增材制造技术还为用户提供了参与产品设计和开发的机会，用户的想法、数据可以融入产品的概念和细节设计。用户在产品开发中的角色，从单一的被动消费者变为多元的主动设计者和消费者。同时，增材制造机器（包括软件和硬件）的发展也深刻重塑着人与机器之间的关系。例如，设计软件交互性的增强和扩展现实等技术的大规模应用为面向增材制造的设计提供了新的范式和机会。

随着技术的发展和人机关系的变化，面向工业5.0的人机协作增材制造面临新的挑战。一方面，增材制造在产品开发流程中作用的变化和应用场景的多元化，其中复杂的人机关系需要更为深入的理论研究。针对产品开发的不同环节，人机协作增材制造需要考虑产品开发各个阶段特定需求的差异，如概念设计阶段的概念实体化，细节设计阶段的人机共创、个性化定制，制造阶段的协同决策，维护阶段的零件修复再制造等；针对不同的应用场景，根据人和机器在协作过程中的角色差异，人机协作模式可分为主—被动式和双主动式。另一方面，增材制造技术具有数字化、逐层添加等特点，不能直接迁移套用其他制造技术中的人机交互规律和方法，而需要在充分理解上述特点的基础上进一步发展其面向工业5.0的使能技术。为了实现更友好、更高效的人机协作，需要分析人与增材制造机器的交互方式，理解不同环节的具体交互需求。因此，研究人机协作对于充分挖掘增材制造潜力，实现工业5.0和人本智造的各项核心价值具有十分重要的意义。

本章提出面向工业5.0的人机协作增材制造概念框架，阐述该框架对产品开发流程的影响及对应的关键技术，概述典型场景中该框架的应用，并讨论相关挑战。

8.2　人机协作增材制造的概念与特点

8.2.1　人机协作增材制造的概念

基于人—信息—物理系统理论体系，面向工业5.0的人机协作增材制造是指在增材制造的背景下，以人为本，通过人机协作充分发挥人与机器各自的优势，以实现人与机器能力的同步提升，达到更好地满足用户需求，促进社会可持续发展的目的。

本节从产品层、经济层、生态层的视角构建面向工业5.0的人机协作增材制造三层次模型，如图8-1所示。该模型以增材制造中的人机协作关系为研究对象，主要由人、机器、人机协作关系三要素组成。人包括设计师、工程师、用户等。机器是指增材制造的物理系统和信息系统，包括增材制造机器、数字设计软件等。人机协作关系是在产品开发的各环节中人与机器的关系。三者是集成融合的整体。该模型通过研究不同层次中人机协作增材制造的类型和特点，如产品层的人机协作关系呈现出的多元化、并行化和动态化等特点，经济层的增材制造服务创造的多时空协作创新、跨区域协作制造等新模式，生态层的人机协作关系随着“增材制造+复杂社会技术系统”的发展，呈现出多学科、多领域交叉的特点，分析各层次如何实现以人为本、可持续、韧性的核心价值。

随着增材制造在产品开发流程中功能的变化和应用场景的多元化，各层次中的人机协作关系变得更加复杂和多元化。与减材、等材等传统制造技术相比，增材制造作为数字技术驱动的一体化成型方法，通过对原材料的细粒度、分辨率进行主动控制，在时空上提供了充分的窗口，使得所输出的三维实体可以承载高密度的形状信息和高分辨率的材料物性信息，使最终产品的成型与定性可以同步完成。相较于人机协同装配、人机协同拆卸等其他制造场景，人机协作增材制造的角色分工不同，更突出人机共创的特征，强调人和机器共同参与制造过程，相互配合，共同创造产品。而人机协同装配和拆卸中人更多的是作为主动者完成复杂任务，机器作为被动支持工具完成一些简单、重复的任务。此外，人机协作增材制造的操作方式也不同，更突出在虚拟空间的协作特征，强调实时反馈机制。人可以通过与机器在虚实空间的交互获得实时的反馈信息，以进行调整和优化。而人机协同装配与拆卸中人更多使用手或工具直接与物理对象交互。因此，简单地将自动化车间中面向其他制造技术的人机协作关系迁移到增材制造是不够的。随着人机交互技术的不断进步，增材制造的人机交互界面在虚实空间的界限比过去更加模糊，人机共创的方式也更为丰富，因此需要重新审视传统的人与增材制造机器的协作方法。人机协作的增材制造研究涉及许多科学问题，如如何实现人机协同规划和控制，以提高增材制造的效率和质量；如何设计智能化的界面和交互方式，以便人和机器能够通过多模态交互高效地进行沟通和协作。这些科学问题需要深入研究，以推动人机协作增材制造的发展。在产品层、经济层、生态层中，人与物理系统、人与信息系统、物理与信息系统的协作承担了多种不同目的的任务。因此，梳理和分析各层次中的人机协作特点对于理解和继续探索面向工业5.0的人机协作增材制造有着重要意义。

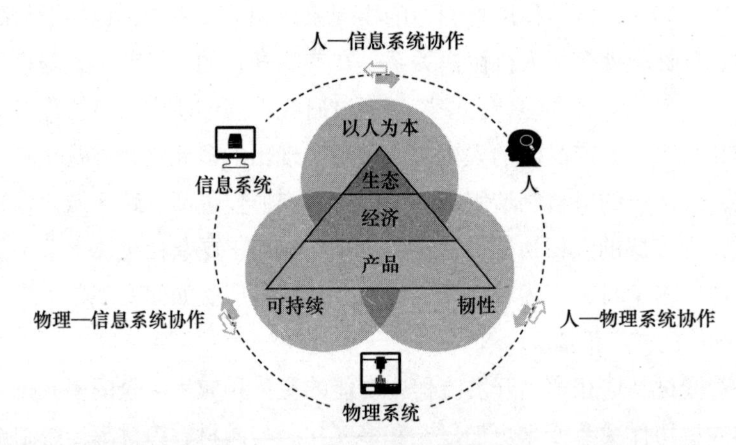

图 8-1　面向工业 5.0 的人机协作增材制造三层次模型

8.2.2　人机协作增材制造的类型和特点

1. 产品层

从产品层的视角看，人机协作增材制造技术具有灵活、敏捷、数字化的制造特点，其人机协作关系与这些特点紧密联系。传统的人机协作增材制造呈现出单向交互和虚实分离的特点。人与机器的协同更多是主—被动式的关系。例如，产品开发中增材制造最先被用于概念设计阶段，快速完成概念实体化与验证测试。设计师通过计算机辅助设计软件规划后续工艺并完成实体制造。在该过程中，人与增材制造系统的交互是虚实分离的，人机协作的模式是串行的。

在数字化、网络化和智能化技术的支持下，产品层增材制造中的人机关系呈现出新的特点。

- 多元化，即人机协作增材制造是主—被动式、被-主动式和双主动式混合的多元模式。对于设计师来说，机器智能的发展让机器开始作为主动式的工具以实现智能设计，如借助机器的计算能力探索高维的设计空间、搜索高性能的设计方案和实现多目标优化。同时，机器智能还赋能批量化的增材制造。例如，使用网络本体语言对面向增材制造的设计知识进行语义建模并检索该知识，辅助增材制造的工艺规划。
- 并行化，即人机协作在虚实空间中是融合的，在产品开发过程中，虚实空间的人机协作并行工作。增材制造具有数字化的属性，这决定了人机协作增材制造高度依赖虚拟空间。虚拟空间与物理空间的融合可以提升人机协作的能力，提高产品开发的效率。扩展现实技术赋能设计师从多个维度感知虚拟空间和物理空间，如虚拟的触觉反馈有助于提升人的感知能力，提供及时反馈，辅助设计师调整虚拟空间的设计，使得物理实体满足用户的个性化需求。
- 动态化，即增材制造从单机、单工序的制造逐渐演变为生产端多机协同、多工序制造的可靠、高效的生产系统，人机协作的关系处于不确定性高、动态变化的情境中。不同数量、不同样式的复杂产品的生产制造与后处理对人机协作提出了新的挑战。例如，大量异构信息，包括产品、人、机器的状态数据的实时获取、处理与存储。

2. 经济层

从经济层的视角看，人机协作增材制造技术正在创造新的生产消费模式，涵盖设计、生产、消费端，如众创式设计、分布式生产和定制化消费，如图8-2所示。人机协作包含单人单机协同、多人多机协同等类型，呈现出时空分离、系统交叉的特点。众创式设计是指将企业内部的专业设计师承担的产品设计工作，通过互联网以自由自愿的形式转交给企业外部的大众群体来完成的一种组织模式。这个模式下人与增材制造信息系统和物理系统的协同可以通过数据流完成。同时，增材制造通过赋予大众群体快速实体化创意和小批量制造等能力，有助于进一步提升生产力。然而，想让该模式更广泛地应用于复杂产品设计还面临着诸多挑战，如多时空群体创意设计中的人—人协同平台设计和人—机协同策略等。设计创意能力的提升还能共同推进制造模式的变革。分布式生产是指基于本地的小规模快速设计与生产集群。基于增材制造的分布式生产是企业使用地理分散的增材制造设施网络和大数据分析进行的分布式生产的一种形式。该模式的演变必须解决下列核心问题，包括开发无缝的数字生产工作流程、开发敏捷的订单管理系统等。分布式生产有利于改善传统制造业中设计、生产的资源浪费，如高昂的开模费用和原材料及产品的交通物流资源。同时，这个模式也有助于推动定制化消费的发展，以较低的成本满足用户的个性化需求。定制化消费是指人们购买根据自己的需求量身打造的产品，这个消费模式的发展依赖基于增材制造的分布式生产所提供的低成本、可靠的制造复杂模型的能力和面向人机协作增材制造的产品开发流程。消费者对产品个性化与日俱增的需求进一步驱动众创式设计向自动化、高质量、强创新的趋势发展。上述新模式的成熟与发展为满足人的需求和实现人的价值提供了机会，三者的深度融合将进一步推动生产消费模式的变革。

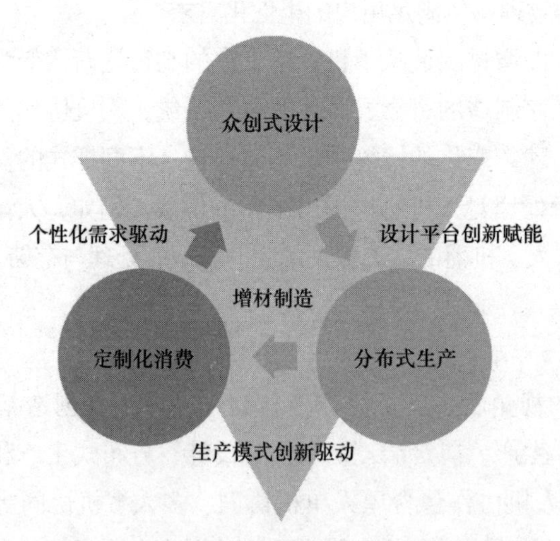

图 8-2　人机协作增材制造的经济层变革

3. 生态层

从社会生态的视角看，人机协作增材制造技术与复杂社会技术系统（Sociotechnical Systems）的融合，正在为和谐社会可持续发展和人与自然和谐共生创造新的价值，如图 8-3 所示。在社会民生方面，“增材制造+教育”以较低的成本为物质不富裕地区的学生群体提供了教学模型，有助于实现少数群体的教育公平。“增材制造+医疗”以较低的成本和较快的速度为患者提供定制化的医疗辅具与人工植入物，有助于实现个性化医疗。在自然生态方面，“增材制造+节能减排”，减少了生产制造过程的原材料浪费，并为实现更高效清洁的能源提供了条件，有助于实现碳中和的目标。

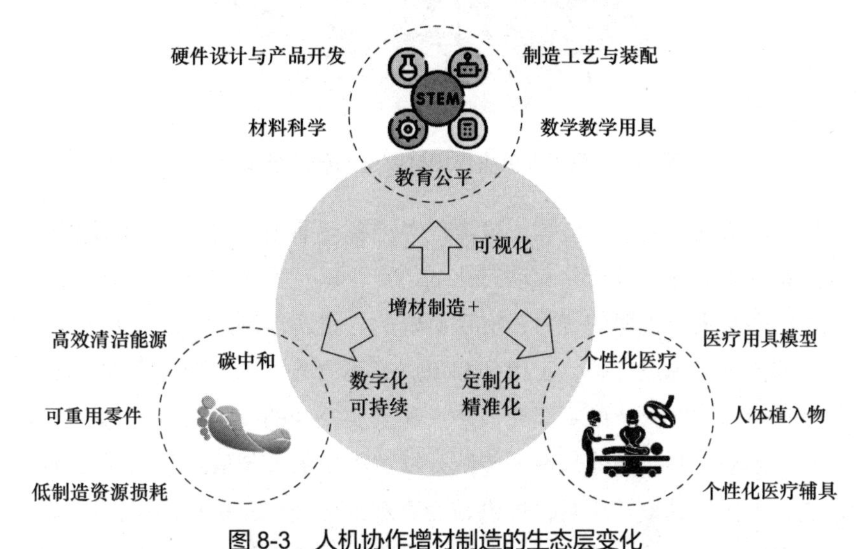

图 8-3　人机协作增材制造的生态层变化

8.2.3　基于人机协作增材制造的产品开发

为了满足不同利益主体的个性化需求，本节介绍一种基于人机协作增材制造的产品开发流程，如图 8-4 所示。

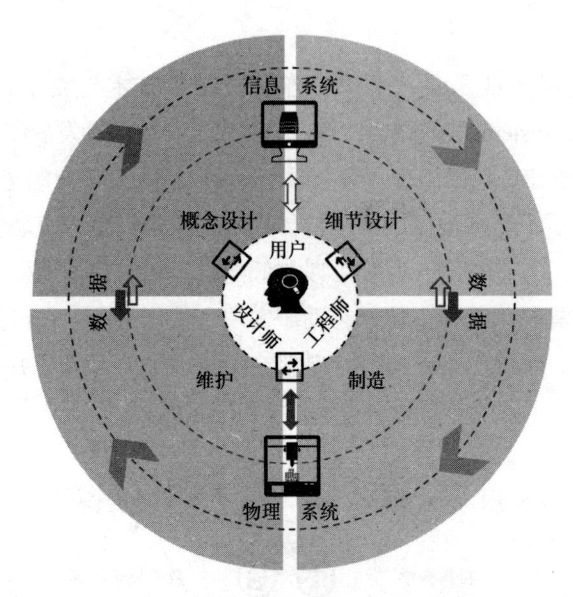

图 8-4 基于人机协作增材制造的产品开发流程

相比传统的产品开发流程，该流程考虑各环节中人—信息—物理空间的交互关系的多元化、并行化和动态化的特点，以及各环节中交互接口的用户友好性，融合人、机器的能力，实现更好的人机协作制造。从以人为本的角度看，该流程考虑设计师、工程师和用户等不同人群的多样化需求，并定制化交互接口。同时，考虑不同环节中人和虚实空间的交互特点，选择人与机器的主、被动关系。具体来说，传统开发流程中的人与信息系统的交互接口通常是计算机辅助设计工具，提供较为直观的建模、分析和决策，该流程则提供了双向的主动式交互接口，允许机器借助人工智能启发人类进行创造和综合决策等脑力活动。此外，人还可以采用传感器或智能材料直接或间接地介入增材制造的产品开发流程，并利用数字孪生技术实现信息系统和物理系统的交互。

传统的产品开发流程是串行模式，一般由设计师输入最初的设计概念，并借助增材制造完成概念阶段的概念实体化和验证测试，再由设计师和数字设计软件完成细节设计，然后将数字模型和工艺规划输入增材制造物理系统，完成产品的生产制造。而工业 5.0 中以人为本的价值观则使现代产品开发模式朝着并行模式演进。设计师在产品开发过程中能够即时且充分地获取产品端、用户端、生产端的数据和知识，并利用数据驱动等方法，服务产品个性化设计。因此，基于人机协作增材制造的产品开发流程需要一体化地考虑产品的设计、制造、使用中人的需求，而成功的关键在数据。

8.3 人机协作增材制造的关键技术

在人机协作增材制造的三层次模型中，由于生态层和经济层所涉及的技术涵盖范围较广，包括工程领域外的多种学科，因此本书不作详细讨论。本节聚焦于产品层的不同参与模式，提出了面向人、面向机器、面向人机交互的关键技术，以实现设计和制造中人与机器的流畅协作，如图8-5所示。

图8-5 面向工业5.0的人机协作增材制造三层次模型的关键技术

8.3.1 万物互联

万物互联是用数据将物理空间中的对象和设备连接起来，以实现人、物、数据、过程之间的相互连接。万物互联生成的数据有助于用户获得定制的产品和体验，可以提升用户的满意度。万物互联涵盖范围超过了物联网，包括人与机、人与人及人与环境的互联互动，有助于实现增材制造产品的智能化。万物互联可移除生产过程中的信息屏障，降低运营成本并提升生产效率。增材制造设备采用标准通信协议进行数据交换以确保人机协作系统的效率和安全。例如，Liu等人利用MTConnect协议获取设备信息，并采用OPCUA协议用于云边通信。万物互联生成的数据通过5G通信技术进行超低延时和高可靠性的传输，为以人为本的产品开发提供宝贵价值。在产品设计阶段，通过互联网数据分析得到的用户偏好可以融入产品概念设计；在产品制造阶段，万物互联可以对加工过程在线监控，对基于制造过程生成的数据进行设备的智能检测与维护；在产品使用阶段，万物互联利用多种传感器采集使用过程中的数据，形成数据闭环，实现真正的智能产品，驱动产品的迭代开发。

8.3.2 人工智能

人工智能技术作为自动化决策和解决高维复杂问题的强大工具已为工业5.0的诸多领域做出了重要贡献，在产品的全生命周期发挥了重要作用。然而，在增材制造领域，人工智能的应用仍处于新兴阶段。增材制造中人工智能面临的主要挑战是如何利用高于人类的计算和感知能力辅助人类决策，满足增材制造在不同场景的需求。这要求人工智能考虑不同场景下的资源，如数据类型、数据质量、算法的鲁棒性等。在设计端，人工智能可以辅助设计者进行设计分析和设计合成，如车身的轻量化设计和定制化产品创意的生成。以Midjourney和Stable Diffusion为代表的生成式人工智能创意工具的广泛应用，对产品设计端的人机协作关系产生了深刻影响。人工智能通过处理异构的、非结构化的数据，包括计算机辅助设计模型、文本、图片和视频信息等，自动地创造设计变体。设计师从关注创意生成，到关注实体化的整个设计过程，到更关注规划、决策和沟通等设计任务，这个转变带来的挑战包括设计师如何向人工智能提出更好的问题，如何利用人工智能提高设计效率和质量，以及如何应用人工智能提升设计团队的沟通效率。在制造端，人工智能可以辅助工程师进行制造工艺的选择和规划。工程师可以通过ChatGPT等大语言模型与机器直接进行自然语言对话，减少了信息传递的障碍和误解，这使得增材制造的工艺规划和参数调整更加高效和准确，提高了制造过程的效率和质量。但人工智能面临着数据稀缺和获取障碍的挑战。在多数商用的增材制造机器中，数据环境通常是封闭的，这意味着数据获取的难度大，可用于人工智能训练的数据集小。为了解决这些问题，前沿的研究应用了小样本学习和对抗神经网络。在产品的使用、维护端，人工智能帮助增材制造机器实现生产过程的智能检测和预测性维护及多机协同。这个过程要求人工智能快速、准确地做出预测和决策，以避免机器故障。云计算、边缘计算等为解决这些问题提供了机会。然而，人工智能可解释性低，这使得人工智能在具有高安全性要求的人机协作的增材制造应用场景中面临着挑战。

8.3.3　数字孪生

数字孪生是一种集成了多物理、多尺度属性，具有实时交互和高保真度特点的将数字空间同物理空间映射融合的技术。随着万物互联和新一代通信技术的发展，来自物理空间的数据被送到它们的数字空间以进行模拟。这种通过数字孪生以数字方式映射实时对象，使得分析、监控数字对象并预防物理对象出现问题成为可能。数字孪生技术对于智能化车间、自动化生产线的产品生产制造、检测维护起到了关键作用。同时，数字孪生技术与增材制造数字化的特点相辅相成，在产品创新设计中发挥了重要作用。设计师可以利用用户交互反馈的信息不断改进虚拟空间中的数字化设计模型，并反馈到产品的物理空间中。从人机协作增材制造的视角看，数字孪生技术的发展面临以下挑战。第一，多物理场仿真。在增材制造中，不同物理属性的模型需要关联在一起，以准确地实现数字空间的模拟、诊断、预测和控制，这是实现增材制造零件智能检测的关键。第二，全过程模拟。将产品开发各环节中各类传感器采集的实时数据进行数字映射，有助于设计师更好地理解用户的动态需求和产品性能全生命周期的动态变化。第三，无碍的数据流动。结合增材制造内在的数字化特点，打通当前产品开发中数据流存在的断点，有利于实现产品开发过程的数据的连续、双向流动，进而实现更友好、高效的人机协作制造。

8.3.4　扩展现实

扩展现实是虚拟现实、增强现实和混合现实的混合体。在工业5.0中，扩展现实在许多领域发挥着重要作用，如远程协助、远程医疗等。对于增材制造而言，扩展现实可以将虚拟和物理的世界桥接在一起，进一步放大增材制造数字化的特点，减少产品的开发时间和满足定制化需求。同时，这类技术也可以提高人与人、人与增材制造机器交互的时间、空间的灵活性。例如，人不需要在限定的地方和工作时间完成协同工作。扩展现实设备在产品开发中可以为人机协作制造提供对专业问题深入的洞察，有利于发挥人的创造性和想象力。例如，英国Gravity Sketch公司将虚拟现实技术与3D打印结合，用于产品的概念设计，为用户—设计师、设计师—设计师间的协同制作提供了友好便捷的交互接口。借助增强现实技术，用户可以更直观地了解真实场景中的虚拟信息，并与之交互，极大地提升了工程师在复杂装配任务中的效率。Leutert等人利用投影设备实现具有空间参考的远程双向通信，完成高效的远程维护。然而，投影式设备受限于特定的视角和环境要求，较暗或光线不均匀的环境可能影响投影效果和可见性。手持式扩展现实设备允许工程师直观地查看基于位置的信息，但其限制了工程师的双手，降低了执行操作时的灵活性。美国微软公司开发的HoloLens头戴式设备可以实现更自然和直观的手势交互，提供更高的操作灵活性，利用混合现实技术将物理空间与虚拟空间的信息融合，指导工程师完成设备的维护和保养。但头戴式设备有限的视野和真实场景中虚拟模型的不精确叠加限制了其在工业中的实用价值。扩展现实技术为工业中复杂环境的虚拟表示创造了条件，允许用户更快、更容易地与机器、产品及环境交互，这反过来会促进价值创造。为了实现更好的人机协作增材制造，扩展现实技术还面临着不少挑战。例如，如何在虚拟空间中和物理空间中增强人的体验，以及如何实现虚实空间的无缝叠加和融合等。为了提高虚实融合的尺寸精度，除采用高精度的传感器等硬件设备外，还可以采用基于特定工艺的增强现实系统，或者通过视觉跟踪技术增强扩展系统在特定场景的环境感知能力。对于不同的制造任务，同时使用多个设备可提高灵活性，克服制造环境的限制并提高用户的舒适度，但引入了用户认知负荷增加和复杂任务规划等挑战。

8.3.5 智能材料

智能材料是指产品的材料具有感知、反馈外部刺激的数字化材料。智能材料具备的感知和反馈功能，可在不采用外置传感器的情况下，获取产品生产、使用过程的数据，拓宽用户使用产品过程中人机交互的接口，实现了产品开发过程中信息的双向流动，提高了产品的迭代开发速度。增材制造的独特优势在于有充分的时空窗口对原材料的细粒度、分辨率进行主动控制，所输出的三维实体既承载了高密度的几何信息，又附加了高分辨率的材料物性信息，使得最终产品的成型与定性可以同步完成。因为增材制造的工艺规划策略允许构建多维和多材料架构，所以智能材料的各种尺度，从宏观到微观结构均可以通过增材制造的工艺直接控制。为了实现更多维度的人机协作工作，应该进一步开发智能材料的应用场景。第一，材料—结构—工艺的一体化设计，如功能梯度材料的设计，以进一步提高产品的性能。第二，智能材料的反馈的多维化，如为用户提供视觉信息、触觉信息等交互反馈。第三，开发面向智能材料的数字化设计软件，以支持设计师、工程师在虚拟空间对产品原材料的几何形状和性能进行同步控制。

8.3.6　其他技术

除产品层的关键使能技术外，经济层和生态层中的使能技术也在推动人机协作关系朝着工业5.0的方向发展。在信息时代，大数据成为实现定制化消费的关键因素，企业通过大数据分析互联网触及每位用户的需求并做出战略决策。随着用户个性化需求的快速增长，市场对创新速度的需求不断提高。信息通信技术创造了一个全球的互联互通的数字环境。远程协作技术和平台使得群体智慧得以大规模的组合，加速了众创式创新。工业物联网与分布式3D打印技术的结合为个性化制造奠定了基础，加速了生产范式向大规模定制的转变。新型的本地化、数字化的供应链可以通过区块链技术提升供应链的追踪和响应能力。复杂社会技术系统的创新在教育、医疗、交通、政府政策和环境保护等复杂社会问题中发挥积极影响。例如，工程教育理念和模式的转变、绿色制造技术的应用、可循环材料的开发等。

8.4　人机协作增材制造的典型场景

基于面向人机协作增材制造的三层次模型、产品开发框架和关键技术，本节以个性化产品设计、人机共创的交互式设计制造、面向增材制造工艺链的人机协作等产品层面案例为例，阐述人机协作增材制造关键技术的应用和在人机协作中面临的机遇与挑战。同时，本节还以众创式设计、分布式生产等经济层面案例和节能减排等生态层面案例为例，根据不同场景中人的不同需求，分析人机协作增材制造的关键技术对这些场景的影响。

8.4.1 个性化产品设计

增材制造数字化和低制造约束的特性赋予产品开发较高的设计自由度，有助于为用户提供个性化的产品服务和体验。尤其是在个性化需求明显的消费品领域，人与机器的协同制造都展现出显著的主动性。

现有研究对自动化设计流程进行了较多研究，如鞋垫、护踝和自行车座椅等。人工智能技术能够处理非结构化的数据并将其转换为设计知识，提升了设计师的想象力和用户在设计过程中的参与度。例如，利用自然语言处理从用户评论中分析用户偏好，以及利用对抗生成网络将时装图像进行设计综合。更前沿的研究提供了多模态的设计综合，如利用生成式深度学习模型基于文本信息生成图像。万物互联使得用户与产品的交互数据及用户的偏好能够在产品设计初期融入设计流程，用户的个性化体验在产品设计中被充分考虑。例如，设计师通过自然语言处理技术分析用户评论中与产品偏好相关的信息，之后通过对抗生成网络合成个性化的座椅形状。通过分布在座椅表面的传感器阵列采集接触压力分布数据，并基于压力值以匹配具有定制化结构刚度的晶格单胞，为用户生成定制化的座椅内部晶格结构，如图 8-6 所示。数字孪生技术为设计师在虚拟空间中模拟用户的行为差异提供了机会，使得设计师可以在虚拟空间中微调产品的数字模型以满足用户的个性化需求。

个性化产品设计需要以人为本，关注人的需求和感受，万物互联和人工智能技术助推了个性化产品设计的快速发展，但也给这个场景的人机协作带来新的机遇与挑战。

- 数据是成功实现产品个性化的关键。获取高质量的数据是应用人工智能辅助设计的前提，小数据量、数据质量低、获取接口少是数据获取面临的主要挑战。数据安全也是潜在的挑战。随着个性化设计范式的转变，用户或公司数据的安全会面临更多的挑战。

- 多模态学习为理解和评估个性化设计提供了机会。多模态数据可以辅助人更好地理解问题，也有利于机器更全面地理解设计问题。因此，提升个性化产品设计的效率和质量，关键在于借助人工智能让机器学习多模态数据，辅助设计师进行决策。

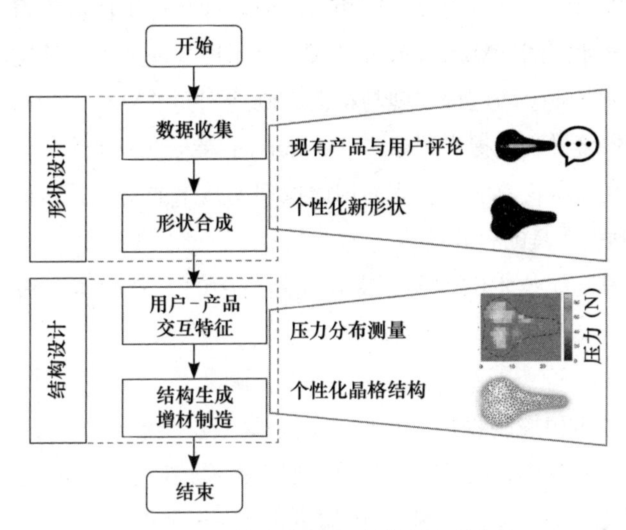

图 8-6　个性化产品自动计算设计流程

8.4.2　交互式制造

交互式制造是早期产品开发中的一种新兴概念，其目标是实现设计思想的同步探索和物化。与传统的先设计后构建方法不同，交互式制造采用并行的工作流程，允许用户直接与物理工件交互并获得即时反馈。增材制造机器不是作为被动的支持工具，而是更多地执行观测、推演等任务，主动参与制造。

在交互式增材制造中，数字设计和制造工作流程与传统工艺流程相结合，为创造性想法的实现提供了更多可能性。增材制造技术已经成为将虚拟设计转换为物理对象的主要工具。然而，低制造速度、有限的工作流程和有限的交互模式限制了增材制造中人机协作的发展。为了克服这些问题，研究人员提出了低保真成型方法。例如，线框模型和即时打印，可以加快物理成型过程。此外，通过简化工作流程并设计增材制造机器和3D笔的混合过程，研究人员创建了具有不同保真度的特征，以提升产品开发效率。为了拓展交互模式，设计师采用混合现实技术使用增材制造的连接器组装不规则物体。采用增强现实和混合现实等技术虚拟渲染对象，以提供即时反馈的交互体验。例如，Yamaoka等人使用空中显示技术将图像叠加在物理对象上，提供即时的打印对象的预览，使用交互式和自适应设计制造工作流程将允许用户探索更全面的设计空间。Mitterberger等人建立了用于现场施工的定制化增强现实系统，通过增强手动过程实现与机器人制造相同的复杂性和精度，为多人参与的交互式增材制造提供了参考。Ostrander等人通过评估学生增材制造的知识掌握程度和自我效能，表明使用虚拟现实技术的交互式增材制造作为教育新手设计师的工具的有效性。

随着相关使能技术的发展，交互式制造中的人机协作面临新的机遇与挑战。

- 实时感知和控制物理工件的状态是直接影响制造结果质量的关键因素。利用传感器技术、扩展现实技术等反馈信息，实时感知和控制打印过程，对于确保最终产品的质量和性能至关重要。
- 材料的选择与设计优化需要人与人工智能深度协作。交互式制造需要满足设计约束，人工智能可以快速选择满足设计力学性能的材料，还可以辅助设计师快速了解材料属性和材料在打印过程中的相互作用。此外，产品的主观评价与人对材料和工艺的感受息息相关。因此，充分发挥人和机器各自的优势有助于实现高效的材料选择与设计优化。

8.4.3 面向增材制造工艺链的人机协作

相较于概念设计阶段增材制造仅作为概念实体化和验证的单机制造工具，在生产端，增材制造从单机制造、单工序制造演变为多机协作、多工序的制造系统。多机协作是指多台打印机之间的协作制造，而多工序既包括面向多样性设计的工艺规划，也包括增材制造技术后处理辅助的过程。

针对多机协作的增材制造，人和机器在共享空间中安全、高效地协作是主要任务。Zhang等人开发了Aerial-AM系统，通过分布式多代理方法在两个循环中进行协调建造无人机和扫描无人机，完成系统中的3D打印形状和机器任务分配。Mitterberger等人创建了由两个机器人和两个人组成的人机协作系统，在共享的数字物理工作空间中组装复杂的木结构，为多人与多自由度打印机协作完成复杂结构制造提供了参考。针对多工序的增材制造，叶志鹏等指出增材制造工艺系统的综合性能主要体现在加工范围、单次加工的成型质量和成型质量的稳定性上。同时，果春焕等指出增减材混合制造解决了增材制造中部分异形零件难以加工的问题，相较于传统的工艺流程大幅降低了成本，改善了增材制造的成形精度与表面质量，还降低了凝固过程中引入的残余应力。由于形状较为复杂的零件需要资深工程师人为修正，因此，为了优化制造资源、节省时间并最小化几何复杂性，多工序的增材制造有必要开发部件分解算法，采取最佳工艺规划和决策。例如，Jiang等人提出了多部件增材制造生产策略，以减少总制造时间。Basinger等人开发了一个基于特征的高级混合制造工艺规划系统，使用特定于特征的几何、公差和材料数据输入，根据用户指定的混合制造特征优先级生成四个自动化工艺计划，缩短了制造时间。

随着增材制造在更多的工业生产端的应用，面向增材制造工艺链的人机协作面临的主要挑战包括两个方面。

- 多人多机的协作理论和框架的欠缺。目前，虽然对多机器人协作及其中的人机交互关系有了较多的研究，但针对增材制造系统的多人多机协作的研究较少。例如，在多人多机的协作模式下，需要考虑能力、资源、优先级等因素研究如何进行协同决策和任务分配；需要研究如何设计高效的信息交流机制，确保人和人、人与机器之间能够实时共享关键信息，包括任务需求、状态反馈、工作进度等；需要研究如何进行协同控制和路径规划，以确保人机协作的安全性，优化工作的效率。
- 增材制造机器在软件功能和后处理方面还有许多问题需要优化。后处理领域有大量知识可以应用在增材制造领域，但关于不同增材制造技术和材料的各种后处理方法的研究还很少。

8.4.4 众创式设计

增材制造为大众群体提供了快速可视化创意和制造少量产品的能力，使得非专业设计师也能够实现创意。众创式设计将群体智慧用于创新创意设计，通过数据流完成人与人、人与增材制造信息系统和物理系统的协同工作。

众创式创新设计模式需要获取、分析和处理大量数据，这些数据不仅涵盖人的想法和产品信息，如文本、草图、计算机辅助设计模型，还包括人与产品的交互信息，如使用场景、使用习惯等。传感器技术的普及为大量数据的获取提供了便捷的渠道，数据流动的基础是数字化的互联互通网络，数据的处理则要依靠智慧的机器和智慧的大脑。增材制造不仅解决了个人用户在物理空间中制造能力的限制，而且为大量个人用户在数字空间中的协同工作提供了更为便捷的渠道，有利于产生更多潜在的组合式创新方案或重组式创新方案。众创式设计中多人多机协同过程包括物理空间的人机协作制造与再制造，还包括数字空间的人与生成式人工智能（Generative AI）的协同创新设计。在物理空间中的制造与再制造，人与机器需要满足一定的自由度和生产效率，智能决策可以有效地解决这些问题。在数字空间中，生成式人工智能通过多模态的数据生成，在艺术创作和产品设计等场景中生成新的设计方案，为工程领域的众创式设计提供新的机遇。在设计有效性的评估方面，Song 等人在复杂的无人机设计任务中提出设计的数量、新颖性和质量可以作为人机协作效率的评估指标。结果表明人工智能辅助对中等复杂的目标更有利，对高度复杂的目标影响较小。团队敏捷性可以作为人机协作系统有效性的评价指标。Song 等人表明通过适当的人工智能接口，可以改善人工智能辅助的人类团队的协调和沟通效果，从而提高绩效并投入更多精力处理信息和探索解决方案空间。

然而，面向众创式的增材制造仍然面临一些挑战，包括多人协作设计模式的欠缺，人与生成式人工智能的协同创造中的交互方式和评估准则。

- 跨领域的知识融合、专业知识与非专业知识的融合是需要解决的关键问题。多人协作模式的发展可以帮助用户或工程师在设计的早期阶段共同参与产品的创造和调整，但不同专业背景的设计师和非专业的用户如何高效地协作仍是一个开放的研究问题。

- 生成式设计软件仍需解决生成、修改和评估可打印的数字模型的挑战。尽管生成式人工智能与增材制造的结合在多模态数据的分析与处理方面有所突破，在众创式设计中展现了巨大的潜力，但是如何从众多设计方案中筛选和过滤有价值的方案并加以完善仍极具挑战。在评估准则中人为经验的融合和主观评价的融合是亟待解决的难题。

8.4.5 分布式生产

增材制造的数字化和敏捷性与大数据分析的结合为分布式生产提供了基础。在分布式生产模式中，增材制造公司将增材制造作为一种服务来解决打印速度慢、难以批量成品的问题，满足不同地理位置的用户的个性化需求。

数字化的增材制造与大数据分析的结合使得分布式制造在物理空间和数字空间中为个性化消费提供了机遇。增材制造机器和人之间的良好沟通减少了原材料和半成品库存，使得小批量生产复杂产品成为可能，距离和运输将不再是问题，提升了制造的韧性。在个人消费品方面，分布式生产可以满足用户对快速获得个性化产品的需求。例如，美国Pebble公司的众包化智能手表和瑞典Facit公司的定制家居。Li等人通过引入信息学的认知制造范式实现人机协作系统的自组织团队合作。评估分散工厂中的各种人机协作模型，并汇聚成一个通用的知识表示，根据已有经验分配人机的最佳自组织任务，提升了协作效率和灵活性，从而实现大规模个性化生产。在军事应用方面，战场等作战环境依赖快速解决方案，德国3YOURMIND公司利用分布式生产地点按需打印的能力为美国海军提供不间断警戒、自适应响应的服务，该模式主要的挑战是基于应用场景的动态数据获取、按需求完成生产地点的订单、物流的在线规划。基于工业互联网的复杂系统的多目标优化与自适应规划算法，以及人工智能辅助决策为解决这些问题提供了机会。在该模式下，工人和设计师等生产过程中的参与者的角色也在发生转变，工人的主要职能是确定生产战略并管理自组织生产过程的实施。由于具有广泛的网络和移动实时信息的可用性，因此传统的固定工作场所变得不那么重要了。与复杂问题相比，工人将承担创造性问题解决者的角色。

对于分布式生产，未来的关键挑战包括技术和价值观两个方面。

- 技术角度，提升制造的自适应水平和韧性是其面临的关键挑战。在制造过程中，供应链和物流运输中的动态变化给人机协作带来了不确定性，如何协调不同时空中的人机协作，保证制造的稳定性和可靠性，需要从系统设计的角度重新考量。
- 价值观角度，重新定义和创造人的劳动价值是其面临的关键挑战。为实现以人为本的价值观，工人角色的演变和劳动场所的变化使得生产过程中人的劳动价值、劳动方式需要重新被定义。

8.4.6 节能减排

人机协作增材制造对于实现节能减排的目标，促进循环经济的发展具有重要作用。一方面，增材制造可以通过逐层叠加的制造和轻量化设计，减少原材料浪费，实现在产品的制造、修复和再制造过程中的节能减排目标。例如，在航空航天领域，涡轮叶片应用增材制造工艺有效提高了效率，降低了成本。同时，增材制造材料的可重复利用、健康性、可再生能源及碳排放管理是未来的新机遇。例如，增材制造中聚合物的回收与再利用提高了循环经济中的生产力及可持续性。

另一方面，人工智能可以辅助设计师与融合在物联网中的智慧机器一同进行复杂产品的设计、制造和组装的决策，为节能减排提供了巨大潜力。在设计端，基于知识的模型辅助设计师设计满足可制造性的方案，从而降低废品率。在制造端，知识工程可以帮助设计师自动生成工艺规划，机器学习算法可以优化工艺参数，实现生产能耗与制件质量的并行优化。在生产端，机器学习可以协助设计师进行预制造规划和产品质量的评估及控制。因此，人机协作增材制造在复杂产品的开发和生产过程中为实现节能减排和促进循环经济提供了一种新的途径。

8.5 总结

本章基于人—信息—物理系统理论，提出面向工业5.0的人机协作增材制造的概念和框架。通过以人为本的视角，研究了面向工业5.0的人机协作增材制造的人机协作关系，并指出面向工业5.0的人机协作增材制造是在增材制造的背景下，以人为本，通过人机协作充分发挥人与机器各自的优势，以实现人与机器能力的同步提升，达到更好地满足用户需求、促进社会可持续发展的目的。针对增材制造发展中人机协作关系多元化、并行化和动态化的特点，本章提出了人机协作增材制造的产品开发框架。在此基础上，讨论了面向工业5.0和人本智造的人机协作增材制造的关键使能技术，围绕人机协作关系，突出增材制造的特点。最后，以产品层、经济层、生态层的典型应用为例，阐述了在不同应用场景下，人与增材制造系统通过不同交互方式产生了不同的作用和效果，并介绍了具体的技术实现路径和研究成果。面向工业5.0的人机协作增材制造可以在产品开发的各阶段实现更友好、便捷的人机协作，提高人和机器的能力，实现人的个性化需求。

以人为本是工业5.0的核心价值，是价值驱动而非技术驱动。增材制造的角色正逐步从单一的制造技术演变为能更好地服务个人和社会的工具。同时，面向人机协作增材制造的发展也将可持续性和韧性作为重要考量。本章探索了面向工业5.0的人机协作增材制造的概念框架和典型应用场景，但是该框架的应用还存在一些问题和挑战。

（1）人与机器的深度协作。在现有的人机协作的基础上，深度的人机协作旨在多元的人机协作模式下最大化人和机器各自的优势。这对人机协作中机器的智能感知、人—机器的安全交互和数据处理提出了新的挑战。这不仅要求人工智能具备强大的计算能力完成感知和推理，还需要人工智能具备理解人的能力，以便实现与人在更多场景下的深度无碍协作。

（2）数据驱动的陷阱。尽管基于人工智能的数据驱动方法赋能设计师充分挖掘产品开发流程中多种类数据的价值，辅助设计师的决策，实现产品的个性化设计和制造。但是，在并行的产品开发流程中日益增多的复杂数据给人机协作增材制造带来诸多新挑战，如数据自大、算法演化和潜在动机。

（3）可持续制造和制造韧性。增材制造作为大规模生产的系统，人、机状态和环境的动态变化增加了生产活动的不确定性。可持续制造和韧性作为两个核心要素，对人机协作的增材制造也提出了要求。例如，工作流程需要考虑面向再制造的智能设计、制造、检测和装配，以及需要考虑复杂产品的生产制造和供应链的灵活性和敏捷性等。

人机协作的增材制造与工业5.0的理念高度契合，其研究目的就是不断走向以人为本的制造过程，通过找到机器与人高效协同工作的契合点，充分发挥机器和人的能力和优势，从而满足人的个性化需求。人与增材制造机器的协同既依赖机器智能的感知、计算和认知，也依赖人的直觉和创造力。技术的进步并没有把人和社会面对的问题隔离开，反而使人能更好地理解世界、认识问题并有机会解决这些问题。面向工业5.0的人机协作增材制造是一个涉及多学科、多领域的交叉知识领域，各领域知识、技术相互融合。为了更好地实现研究目标，开发满足用户需求的产品，探索新兴的创新经济模式，构建更和谐的社会生态，需要从系统科学的角度认识和理解这个新兴领域，解决领域内高度耦合的复杂问题。